我的动物朋友

森林动物的呼唤

体验自然，探索世界，关爱生命——我们要与那些野生的动物交流，用我们的语言、行动、爱心去关怀理解并尊重它们。

延边大学出版社

图书在版编目（CIP）数据

森林动物的呼唤 / 罗振编著 . —延吉 : 延边大学
出版社 , 2013 . 4（2021 . 8 重印）
（我的动物朋友）
ISBN 978-7-5634-5541-6

Ⅰ . ①森…　Ⅱ . ①罗…　Ⅲ . ①森林动物—青年读物 ②
森林动物—少年读物　Ⅳ . ① Q95-49

中国版本图书馆 CIP 数据核字 (2013) 第 087047 号

森林动物的呼唤

编著：罗振
责任编辑：孙淑芹
封面设计：映像视觉
出版发行：延边大学出版社
社址：吉林省延吉市公园路 977 号　邮编：133002
电话：0433-2732435　传真：0433-2732434
网址：http://www.ydcbs.com
印刷：三河市祥达印刷包装有限公司
开本：16K　165×230
印张：12 印张
字数：120 千字
版次：2013 年 4 月第 1 版
印次：2021 年 8 月第 3 次印刷
书号：ISBN 978-7-5634-5541-6
定价：36.00 元

前 言

人类生活的蓝色家园是生机盎然、充满活力的。在地球上，除了最高级的灵长类——人类以外，还有许许多多的动物伙伴。它们当中有的庞大、有的弱小，有的凶猛、有的友善，有的奔跑如飞、有的缓慢蠕动，有的展翅翱翔、有的自由游弋……它们的足迹遍布地球上所有的大陆和海洋。和人类一样，它们面对着适者生存的残酷，也享受着七彩生活的美好，它们都在以自己独特的方式演绎着生命的传奇。

在动物界，人们经常用"朝生暮死"的蜉蝣来比喻生命的短暂与易逝。因此，野生动物从不"迷惘"，也不会"抱怨"，只会按照自然的安排去走完自己的生命历程，它们的终极目标只有一个——使自己的基因更好地传承下去。在这一目标的推动下，动物们充分利用了自己的"天赋异禀"，并逐步进化成了异彩纷呈的生命特质。由此，我们才能看到那令人叹为观止的各种"武器"、本领、习性、繁殖策略等。

例如，为了保住性命，很多种蜥蜴不惜"丢车保帅"，进化出了断尾逃生的绝技；杜鹃既不孵卵也不育雏，而采用"偷梁换柱"之计，将卵产在画眉、莺等的巢中，让这些无辜的鸟儿白费心血养育异类；有一种鱼叫七鳃鳗，长大后便用尖利的牙齿和强有力的吸盘吸附在其他大鱼身上，靠摄取寄主的血液完成从变形到产卵的全过程；非洲和中南美洲的行军蚁能结成多达1000万只的庞大群体，靠集体的力量横扫一切……由此说来，所谓的狼的"阴险"、毒蛇的恐怖、鲨鱼的"凶残"，乃至老鼠令人头疼的高繁殖率、蚊子令人讨厌的吸血性等，都只是自然赋予它们的一种独特适应性而已，都是它们的生存之道。人是智慧而强有力的动物，但也只是自然界的一份子，我

I

们应该用平等的眼光去看待自然界中的一切生灵，而不应时刻把自己当成所谓的万物的主宰。

人和动物天生就是好朋友，人类对其他生命形式的亲近感是一种与生俱来的天性，只不过许多人的这种亲近感被现实生活逐渐磨蚀或掩盖掉了。但也有越来越多的人，在现实生活的压力和纷扰下，渐渐觉得从动物身上更能寻求到心灵的慰藉乃至生命的意义。狗的忠诚、猫的温顺会令他们快乐并身心放松；而野生动物身上所散发出的野性特质及不可思议的本能，则令他们着迷甚至肃然起敬。

衷心希望本书的出版能让越来越多的人更了解动物，更尊重生命，继而去充分体味人与自然和谐相处的奇妙感受。并唤起读者保护动物的意识，积极地与危害野生动物的行为作斗争，保护人类和野生动物赖以生存的地球，为野生动物保留一个自由自在的家园。

编　者

2012.9

森林动物的呼唤

目 录

第二章 森林中的梦幻猎手

第三章 森林中的生灵百态

第一章

森林中的狂野风采

动物生命中的野性，是很难驯服的，它们所追求的是不断进取、不断拼搏。当它们的生命失去野性，那是一种可悲，原本拥有的矫健、高傲以及狂放不羁，在失去野性的那一刻会突然变得黯然无光。也许我们无法去亲身感受，但是，如果能将动物生命绽放野性的那一刻永远定格、永久保留，使它被更多的人观察、欣赏，那将是一件非常有意义的事情。在本章中你将会体会到生命存在于野性之中那美好的一瞬间。

新大陆虎——美洲虎

中文名：美洲虎

英文名：Jaguar

别称：美洲豹

分布区域：墨西哥至中美洲大部分地区，南至巴拉圭及阿根廷北部

美洲虎或称美洲豹，它是新大陆最大的猫科动物，也是世界上濒危灭绝的哺乳类动物，美洲虎被当地人称为"新大陆虎"。其实，美洲虎并不是虎，也不是豹，而是生活在美洲的一种食肉动物。

美洲虎属于大型猫科(豹亚科)动物的一种，个头仅次于虎、狮，排在第三位。美洲虎身体很长，达120～180厘米，尾长60～90厘米。它的肩高75～90厘米，体重39～160千克，但大部分都在45～114千克之间。雌性一般比雄性的个头小20%左右。美洲虎与豹相比，头的比例更大，前胸很短，四肢又粗又短，但美洲虎的身体更为强壮，而且身上的斑点比豹子的还要大一些。美洲虎也有很多黑色品种，一般生活在森林深处。随着生存环境的改变，美洲虎的活动范围也在逐渐减小。

美洲虎从前在美国南部的德克萨斯、亚利桑那等地区也曾活动过，但如今它们已经退出了那片干旱的领地，到更适合它们生存的炎热潮湿的热带雨林中去生活。实际上，在距今约300万～1万年的时期，美洲虎的祖先是一种生存在亚洲的四肢细长的猫科动物，后来分散到北美洲大陆各地，最后迁徙到南美洲，这就是现在的美洲虎。

美洲虎是大型的食肉动物，其食物来源非常广泛，凡是能捕捉到的动物，如鱼、短吻鳄、灵长类、鹿类、西猫、貘、犰狳以及两栖动物等，都是它的食物。许多猫科动物都擅长咬断猎物的喉咙，然而美洲虎却不同，它的强有力的下颚和牙齿能够直接咬碎动物坚硬的头盖骨，甚至连海龟坚硬的外壳都能轻而易举地咬碎。可想而知，它们的咬力有多么强大。

现在，美洲虎的数量正在不断减少，一些地方已经看不到美洲虎的身影了，美洲虎面临着灭绝的危险，这是生态环境不断遭受破坏以及人类肆无忌惮的捕杀造成的。树林中的树木被砍伐之后，美洲虎没有了树木的遮盖，很容易被偷猎者发现并击毙。再有就是一些农场主为了保护家畜也经常会杀死美洲虎。从20世纪70年代开始，猎取美洲虎皮毛的现象已经开始增加了。从20世纪初到现在，美洲虎的数量下降了50％左右，尤其在墨西哥或者更北的地区，人们已经很难再看到矫健有力的美洲虎。

团队杀手——狼

中文名：狼

英文名：wolf

别称：野狼、灰狼、豺狼

分布区域：全世界

狼的适应能力非常强，在全世界都有分布。生态环境的多样性决定了狼的多样性，这其中包括生活在森林、沙漠、山地、寒带草原、西伯利亚针叶林、草地等各种环境下的狼。

不同种类的狼分布在地球上的不同地区，它们之间差别很大。气候越冷的地方，狼的体型、体重也越大。一般来说，狼的肩高60～90厘米，重量为32～62千克。曾在北美地区发现过的最大的狼体重可达77千克。一般而言，公狼比母狼约重20%。成年狼的体长一般为130～200厘米，其中尾长占据整个身体长度的1/4。

狼窄长的嘴上长着42颗牙齿。它的牙齿分为5种，分别为门牙、犬齿、前臼齿、裂齿和臼齿。犬齿有4个，上下各2个，其长度为2.8厘米，能刺破猎物的皮并对猎物造成巨大的伤害。臼齿分化出来的裂齿也有4个，这是食肉类动物的普遍特点。裂齿，顾名思义是用于将肉撕碎，12颗比较小的门牙用于咬住东西。

狼的胸部狭窄，背部与腿强劲有力，这使它们拥有高效率的机动能力，同时也使狼具有很好的耐力，适合长途迁移。它们能以每小时约10千米的速

度走几个小时，最快时速能达到65千米。狼跨越一步的距离可以达5米。狼的脚掌对各种类型的地面都有较强的适应能力，尤其适合在雪地上行走。它们在雪地上行动灵敏、迅速，这全靠它们的足趾之间的那个蹼。

　　狼是趾行性动物，它们较大的脚掌使其重量能很好地分布在积雪上。狼的前后脚掌有所不同，后脚掌略小，前掌上有5个趾，后脚掌没有上趾。掌上的毛和略钝的爪对于增加摩擦力以及帮助它们抓住湿滑的地面有很好的作用。狼的脚掌因有特殊的血管保护使它的脚不会在雪地中冻伤。与狗不同的是，狼的脚掌上有能分泌出气味的腺体，会留在脚印上，不仅能够帮助狼记录自己的行踪，而且能让其他的狼知道自己的所在。

　　不同的狼，狼毛的颜色也有很大的区别，同一匹狼的毛色也各有不同，灰色、灰褐色、白色、红色、褐色和黑色混杂在一起。纯白色或纯黑色的狼也不少见。狼有两层毛，外层的毛比较硬，主要用于抵御水和灰尘，里面的一层则致密且防水。狼在每年的初夏时期会通过摩擦岩石或树木来促进里面这层毛的脱落。狼的里面的这层毛通常都是灰色的，夏季和冬季狼的毛分别会在春季和秋季时变换。春季换毛的时候公狼比母狼换得早，欧洲的狼毛通常比北美洲的狼毛要更硬更短。

狼属于食物链上层，除了人之外，基本上没什么天敌。人们认为狼是动物界中最具秩序和纪律的动物之一，有很强的团队精神。狼的团队精神表现在以下几个方面：

集体与个体方面。狼群的等级制度严森，每头狼都很了解自己的作用和地位，并且在行动中有明确的职责。不过有时候狼群中也会出现暂时的平等，那就是当它们一起嚎叫时，一切等级界限就都消失了。

狼非常善于交际。它们并不仅仅是依赖某种单一的交流方式，而是根据需要选择不同的交流方式。它们通过嚎叫、相互挨擦鼻尖、用舌头舔、使用面部表情以及尾巴位置等精细多样的身体语言或利用气味来传递信息。

狼是群居性的动物，狼群一般在5~12只之间，也有30只左右的。狼捕食成功的决定性因素在于狼与狼之间的默契配合，它们总是依靠团体的力量去完成任何事。对于赖以生存的家庭、群体，它们总是倾注着热情与忠诚，它们一起游戏、配合狩猎、互相帮助，它们把狼群的生存作为自身生存的目的。狼群有很强的领域意识，它们在自己的领域内活动。狼群的领域范围也

会随着群内个体数量增加而扩大。不同种群之间的领域范围不重叠，狼会以嚎声向其他群宣告领域范围。狼群依靠集体行动，捕杀较大型的猎物。

狼群总会制定适宜的战略进行行动，它们一般都是不断地沟通和协作，而不是漫无目的地围着猎物胡乱奔跑、尖声狂吠狩猎。紧要关头，每匹狼都能"心领神会"彼此的想法。狼从来不喜欢碰运气，它们总是对即将实施的行动做好充分的准备，凝聚力、团队精神和训练有素成为狼群生存的决定因素。所以狼群很少真正受到其他动物的威胁。

狼是典型的"一夫一妻"制，公狼富有责任感，母狼母性很强。母狼在产崽的时候，公狼会独自出去猎食，它尽可能多地吞下食物，然后再把食物吐出来分给母狼和自己的孩子吃。母狼不仅细心抚育自己的孩子，而且遇到失去母亲的小狼，也会把它抚养长大，甚至还会抚养其他动物的幼崽。

林中金刚——大猩猩

中文名：大猩猩

英文名：Gorilla gorilla

别称：金刚猩猩

分布区域：非洲的喀麦隆、加蓬、几内亚、刚果、扎伊尔、乌干达

    大猩猩是灵长类中最大的动物，身体异常魁梧，力大无穷，据说连大象见了它们也会退避三舍，因而被称为森林中的"金刚"。它们浑身披着黑褐色的长毛，或略带灰色，头部硕大，眉脊高耸，眼窝凹陷，鼻子大而塌，嘴巴宽大前凸，肩膀宽而圆，臂膀粗大，远远望去，好似一座牢固的铁塔。大猩猩的体型雄壮，面部和耳上无毛，眼上的额头往往很高，下颚骨比颧骨突出。上肢比下肢长，两臂左右平伸可达200～275厘米。无尾，吻短，眼小，鼻孔大。犬齿特别发达，齿式与人类相同。体毛粗硬、灰黑色，毛基黑褐色，老年雄性的背部变为银灰色，胸部无毛。成年雄性的腰背部有灰白色毛区。大猩猩的毛色大多是黑色的。年长（一般12岁以上）的雄性大猩猩的背毛色变成银灰色，因此它们也被称为"银背"，银背的犬齿尤其突出。山地大猩猩的毛尤其长，并有丝绸光泽。

    大猩猩因外表长得恐怖，长期以来都被人们描绘成吓人的怪物。实际上大猩猩并不像人们描绘得那样可怕，它们是一种温和而斯文的动物。我们经常看到它们捶胸顿足，露出凶暴的样子，那只是一种经常而自然的动作。它们一般不会轻易发起进攻，一旦发现入侵者，它们也只是通过拍打胸脯、上

下跳跃、怒声嘶吼的方式向敌人示威，企图吓退对方。

大猩猩是素食主义者，采食的树叶占所吃食物的86％，但它们偶尔也吃一些昆虫。它们似乎很清楚"过度采伐"的危害性和"休养生息"的重要性。它们从不固守一地，而是走走停停，在游荡中采食，有节制地利用各地的植物资源，不等把一棵树、一片灌木丛的树叶吃完就又迁向新的采食地，是个不折不扣的"环保主义者"。

在大猩猩群中要想成为"猩王"必须具备3个条件：一是个头大、力气大的成年雄性；二是具有超凡的智力和与对手较量的勇气；三是具有能争当首领的那股趾高气扬的傲劲。

大猩猩通常在白天活动。低地大猩猩喜欢热带雨林，而山地大猩猩则更喜欢山林。山地大猩猩主要栖息在地面上，而低地大猩猩则主要生活在树上，即使体型很大的雄兽，往往也会爬到20米高的树上寻找食物。大猩猩的行走方式被称为拳步，因为走路的时候，大猩猩的前肢握拳支撑身体行进，这样行走可以使四肢着地，前肢支在指头的中节上。到了晚上睡觉时，大猩猩就用树叶做窝。大猩猩每天晚上都要做新窝，一般筑窝的时间不超过5分钟。山

地大猩猩的窝一般筑在地面上，低地大猩猩的窝主要筑在树上。

在一般情况下，一个大猩猩群体是以一头雄兽为中心，由数头雌性和幼崽组成。特殊情况下，一个大猩猩群中会有两头或多头雄兽，除了一头雄兽（往往一头银背）与雌兽有交配的权利，其他年轻的黑背大猩猩则没有这种权利。组成大猩猩群的个体有2～30头，平均为10～15头。解决群内冲突、决定群的行止和行动方向以及保障群的安全等重要的任务，都由带头的雄兽承担。

在一个大猩猩群体中，占统治地位的猩王可以拥有多只雌性配偶，而其他的雄性除非从别的大猩猩群中得到雌性，并设法使其成为自己较长时期的配偶，否则，它们往往过着没有配偶的独身生活。所以，成年大猩猩之间，往往为了争夺雌性而展开激烈的格斗。而雌性大猩猩的"爱情"是专一的，它只选择地位最高的猩王作为自己的配偶。而猩王会在与它交配到怀孕的这段时间里，一直守卫在它身旁。若有别的猩王来扰乱，两只猩王之间就会爆发一场激烈的"保妻"与"夺妻"的争斗。

虎王之师——虎猫

中文名：虎猫
英文名：Ocelot
分布区域：南美、中美、墨西哥、美国南部等地区

　　虎猫是野生猫科动物。成年虎猫体长可以达到90～130厘米，这还不包括它那30～40厘米的长尾巴。虎猫的肩高45厘米，体重11～16千克，是虎猫属种体型最大的一种，雌性虎猫体型比雄性要小。虎猫背上的颜色有白色、茶色、黄色和灰色多种，头上有黑色斑点，脸颊上有两条黑带，背上有四五条纹向的黑色条纹，它的腹部呈白色，上面有黑点，尾巴上也有黑色的条纹和斑点。虎猫的个头大约是家猫的两倍，它的四肢相对短粗，还生有大脚爪，比较利于攀爬。

　　虎猫长着浅黄色或灰色的毛，全身点缀着由黑边环绕的暗褐色长方形黑斑，还长有黑色的条纹。虎猫雄性和雌性的颜色相同，但是如果栖息地不同，它们身上的颜色也就不同。

　　虎猫能够在许多地区生活繁殖，无论是茂密的热带雨林还是安第斯山脉海拔3800米的高山山林以及浓密的灌木丛、植被稀疏的半沙漠地区，或是沿海的红树林，虎猫都能够很好地生存。不过在开阔地带，人们却很难发现虎猫的足迹。虎猫善于爬树和游泳，但是多数时候还是在地面上活动。虎猫的视觉特别灵敏，并具有夜视能力，在森林中它们一般是晚上出来捕食，吃一些小到中等大小的哺乳动物，如鸟、鼠类和爬行动物，有时也捕食家养的小

猪。当在干旱季节时，它们也会在附近的河流抓些青蛙或者鱼类来补充营养。这些动物的体型基本上比它自己的身体要小很多。

　　和大多数猫科动物一样，虎猫也具有领地性，是独居的动物，只有在交配的时候才聚集在一起。虎猫的妊娠期大约有70天，一窝可产下2~3只。小虎猫生下来时身体呈黑色，有像大虎猫一样的条纹。小虎猫在6周左右就开始断奶，可以进食一些动物的内脏，2个多月后就能跟在妈妈后面一起出巡。到了8~10个月，它们的个头已经长得和妈妈一般大小，等到2岁左右它们就会离开妈妈的地盘，开始自己独居的生活。

美猴王——山魈

中文名：山魈

英文名：Mandrill

别称：鬼狒狒

分布区域：非洲中西部，刚果、加蓬、尼日利亚、喀麦隆、赤道几内亚

山魈也叫鬼狒狒，长着浓密的橄榄色长毛，马脸凸鼻，还有一张血盆大口，以及长长的獠牙。山魈的獠牙越大，表明它的地位越高。雄性山魈性情古怪，脾气暴烈，力气极大，对其他动物有极强的攻击性和危险性。

山魈喜欢在热带树林中栖息，喜欢多岩石的小山。白天，山魈在地面活动，有时也上树睡觉或寻找水果、核果、昆虫、蜗牛、蠕虫、蛙、蜥蜴、鼠等食物。豹是它的主要敌害，但是，豹也只会偷袭雌性山魈和其幼兽，而不敢去袭击强有力的雄性山魈。

山魈喜欢结群生活，每群山魈有几只或几十只，领头的老山魈力大无比，异常勇猛，它的牙齿又长又尖锐，对前来侵犯的各种敌害都具有明显的威胁性。

山魈的繁殖期不固定，它的孕期约220～270天，每胎产1～2仔。山魈的寿命长达20～28年，在饲养条件下其寿命可达32年。

山魈是一种珍贵、凶猛的大型猴类。它们的身长可超过80厘米，站起来时有1米多高，体重在30～40千克之间。山魈长着大大的脑袋、长长的脸，头顶上长有一簇长毛，眉骨向外突出，两只眼睛漆黑而深陷，看上去威风凛凛、神气活现。山魈的牙齿又长又尖，但最显眼的是它们的眼睛下面有个鲜

红的鼻子，两边的皱纹皮肤蓝中透紫，吻部长着密密的白色或橙色胡须。全身体毛又长又软，背部呈黑褐色，腹部呈灰白色，屁股上有一大块红色的突起。

　　山魈是狒狒的近亲，分为山魈和黄褐色山魈两种。两种山魈都长得彪悍强壮，打起架来格外凶猛。喜欢群居的山魈成群结队走在多石的山上。不论是嫩枝、嫩叶、野果子，还是鸟、鼠、蛙、蛇都是它们的食物。有时，它们还会残忍地吞食其他种类的猴子。

　　雄山魈不仅长有鲜红的鼻子和蓝色的面颊，而且这种红蓝颜色也出现在身体的其他部位上，如红阴茎、蓝阴囊，屁股则红蓝相间。山魈激动时，颜色会更加鲜艳夺目，那是它们向对手施以恐吓的表现。

非洲独角兽——霍加狓

中文名：霍加狓

英文名：Okapia johnstoni

别称：欧卡皮鹿

分布区域：刚果东部和北部密集的热带雨林中

1901年，在非洲扎伊尔森林中，发现了一种大型哺乳动物，这就是霍加狓。它是一种偶蹄动物，属长颈鹿科，与长颈鹿有着亲缘关系，是长颈鹿唯一的还没有灭绝的近亲。不过，由于它的后部长有黑白交替的条纹，猛看上去，和斑马很相似。以前，霍加狓曾被认为是长颈鹿与斑马交配产生的，但实际上，霍加狓与斑马并没有什么关系。在脖子变长之前，长颈鹿的模样与霍加狓差不多。

霍加狓长着巧克力色的皮毛，泛着美丽的红色或绛红色的丝绒光泽。在它的臀部和腿的上部，长有水平的黑白条纹。曾一度有人认为，这些条纹在密集的热带雨林中可以作为一种标志，使幼兽可以紧紧跟随母兽。此外，霍加狓还可以利用这些条纹来伪装自己。小腿白色或淡棕色，面部黑白色。颈和腿虽然很长，但没有达到长颈鹿的地步。雄兽有两只短的、带鹿茸的角，雌兽无角。霍加狓的舌头是蓝色的，约30厘米，非常灵活。霍加狓使用它们的舌头来卷取树上的嫩叶。除绿叶和嫩叶外，霍加狓还吃草、蕨类植物、果实和真菌。霍加狓还可以使用它们的长舌头来清洁自己的眼睛和耳朵。霍加狓的耳朵很大，它们经常用耳朵来发觉它们的天敌。

成年的霍加狓重约200～250千克，身长190～250厘米，尾长30～42厘米，肩高约150～200厘米。雌兽体型比雄兽大一些。

霍加狓经常单独活动，属于昼行性动物，只有交配时才聚集到一起。怀孕期为421～457天。每次只生一幼兽，一般在8～10月间出生，幼兽出生时重14～30千克。哺乳期约10个月，4～5年后长成。饲养条件下的霍加狓的寿命一般在15～30年以上。

霍加狓每天睡眠时间极短，它们始终保持着极高的警惕性。人们经常在霍加狓行走过的地方，发现一些沥青似的物质，这是它脚上的腺体分泌出来的。此外，霍加狓还使用尿液来标志它们的领域。

在刚果东部和北部密集的热带雨林中，生活着许多霍加狓。当地人为了获利，经常使用陷阱猎取霍加狓。

在古埃及，人们早已发现了霍加狓。人们曾在埃及发现了一幅壁画上有霍加狓。后来亨利·莫顿·史丹利到那里去探险时，当地人说在密林中发现过他带去的像马的动物。当时，人们都在猜测这究竟是一种什么动物，有的

人还把它叫做"非洲独角兽"。英国在乌干达的总督哈里·约翰斯顿爵士也看到了这种动物的足迹，但是他发现这些足迹不是住在森林里的马的足迹，而是偶蹄动物的足迹。1900年，伦敦动物学会获得了一些当地人猎取的霍加狓的皮毛。当时动物学家们给这种动物取名为 Equus johnstoni，把它归入马属。1901年6月，一具几乎完整的皮毛和两具颅骨被送到欧洲后，动物学家们这才意识到，将它归为马属是错误的。动物学家们很快认识到这些动物与欧洲冰川期的短颈长颈鹿的化石的相似之处。1909年，白人捕获了一头活的霍加狓。1918年，第一头活的霍加狓被运到欧洲安特卫普。1937年，第一头活着的霍加狓通过安特卫普到达美国。在美国伊利诺伊州的布鲁克菲尔德动物园，人工圈养的霍加狓首次进行繁殖。美国动物园和水族馆协会的霍加狓幸存计划，也由这个动物园负责协调。至今，约有45头霍加狓圈养在动物园中。

人们对霍加狓的生活习性所知甚少，这是因为霍加狓非常胆小，又生活在一个处于战乱不断的国家密林中，人们对于它们的野生数量也只是猜测数据。粗略猜测(但是非常不可靠)，估计目前有1万～2万头野生霍加狓。

2006年6月8日，在刚果的维龙加国家公园，科学家报道发现有霍加狓生存的迹象。这是自1959年后，当地官方首次宣布霍加狓被重新发现。

夜行大盗——豪猪

中文名：豪猪

英文名：Porcupine

别称：箭猪

分布区域：中国长江以南各省，尼泊尔、锡金、孟加拉国、缅甸、泰国

　　豪猪又叫箭猪，是一类披有尖刺的啮齿目动物，豪猪在啮齿目中个头仅次于水豚及河狸，位居第三。豪猪除有棘刺外，还有一个非常肥胖的身躯和锐利的牙齿、鼠一般的嘴脸。大部分豪猪约长60～90厘米，尾巴长20～25厘米，重5～16千克。

　　它们身体肥壮，行动缓慢，自肩部以后直达尾部密布长刺，刺的颜色黑白相间，粗细不等。受惊时，尾部的刺立即竖起，刷刷作响以警告敌人。栖息在低山森林茂密处。穴居，常以天然石洞居住，也自行打洞。豪猪的活动路线比较固定，以植物根、茎为食，尤喜盗食山区的玉米、薯类、花生、瓜果和蔬菜等。豪猪在秋冬季交配，于翌春产仔，每胎产2～4只，但多数豪猪产2只仔。豪猪喜欢群居，它们过着家族生活，这在冬季更为明显。

　　南美豪猪、非洲豪猪及旧大陆豪猪，都属于豪猪亚目。它们的头骨、咬肌、牙齿都极相似。

　　豪猪从背部到尾部均披着利箭般的棘刺，特别是臀部上的棘刺长得更粗、更长、更多，其中最粗者宛若筷子，最长约达半米，可以用来防御掠食者。豪猪每根棘刺的颜色都是黑白相间，很是鲜明。不同豪猪物种的刺有不同的

形状，不过所有都是改变了的毛发，表面上有一层角质素，嵌入在皮肤的肌肉组织。旧大陆豪猪的刺是一束束的，而新大陆豪猪的刺则是与毛发夹杂在一起。豪猪身上原来也只有鬃毛，后来有的个体偶尔长出几根硬而长的角质化棘刺，在抵御大自然的强敌时，豪猪的棘刺能够发挥巨大的作用。豪猪的后代就遗传了它的这种特征。随着时间的推移，豪猪的全身都长满了棘刺。豪猪身上的棘刺，是由鬃毛逐渐转化的结果。

　　豪猪的刺非常锐利，但容易脱落，这些利刺会刺中攻击者。利刺长有倒钩，容易挂在皮肤上，很难除去。豪猪的刺长约75毫米，宽约2毫米。如果刺钩在侵犯者的内部组织上，在正常的肌肉运动下，倒钩会使刺插得更深，每日可以深入几毫米。曾有掠食者因被刺刺中感染而死去，在死去后刺仍会继续嵌入体内。古人认为豪猪可以掷出它们的刺来攻击敌人，这种看法是错误的。

　　豪猪在各大洲都有分布，约有20多种。在东半球，豪猪主要分布在亚洲、非洲和欧洲南部，大多生活在地面上，栖居在洞穴里，靠鼻子在地面上拱土寻找植物的根茎和落果为生；西半球的豪猪南北美洲都有分布，它们同东半球的豪猪不同，尾巴更长，脚掌上有毛，能够爬树。其中，最有名的是巴西树豪猪。它的个头很小，大多数体重在12～15千克。腰部很粗壮，腿细长，脚趾有尖利长爪，能够一把抓住一根树枝，将身体悬空吊起，敏捷地进行攀爬活动。

在与猛兽搏斗时，豪猪身上的棘刺能迅速地直竖起来，一根根利刺，就像颤动的钢筋，互相碰撞着，发出唰唰的响声。此时，豪猪嘴里还会发出噗噗的叫声。它这种特有的御敌绝招，能够把凶恶的敌害吓倒、吓跑。如果敌害在这种情形下仍不听警告继续向豪猪进攻，那么豪猪就会调转屁股，倒退着向敌人冲去。豪猪还有最厉害的绝招，它能够巧妙地利用尾巴，猛击敌人的头部，使尾巴上短而粗的刺密布敌人面部。针毛上长着带钩的刺，敌害如果被刺中，针毛就会留在肌肉里，疼痛难忍。狼、狐狸和大山猫等碰上豪猪，都不敢轻易去招惹它。

豪猪是夜行性动物，白天，它躲在洞里睡大觉，晚上则出来寻找食物。生活在森林、沙漠及草原，以栖树为主，在热带森林中最爱吃嫩树皮。特别是白杨树和桉树皮，更是它喜爱的食物。由于这一特点，使它成为森林的一大害物。豪猪也爱吃盐，会在人类栖息地寻找盐，以硝酸钠保存的夹板、油

漆、手工具、鞋、衣服或其他有汗液的对象为食。从富有盐分的植物、活动物的骨头、树皮、土壤及有尿液的物体上，豪猪也可以获得天然的盐。

天气寒冷的时候，豪猪会聚在一起互相靠身体取暖，但是因为身上的刺，在它们互相靠近时，会刺痛对方，使它们立刻分开，然而分开后不久，因为寒冷它们又会靠在一起。这样反复数次，最后它们终于找到了彼此间的最佳距离——在最轻的疼痛下得到最大的温暖，这就是有趣的"豪猪理论"。

倒挂冠军——蜘蛛猴

中文名：蜘蛛猴

分布区域：墨西哥到巴西的森林中

　　小时候我们都听过"猴子捞月"的故事，故事里描写的那个顽皮、可爱的精灵就是蜘蛛猴。

　　蜘蛛猴生活在中南美洲的热带雨林里，因为它们的身体和四肢都很细长，在树上活动时，远远看上去就像一只巨大的蜘蛛，因此得名。蜘蛛猴是悬猴科中的特殊成员之一，悬猴科动物有一根卷曲的尾巴，这根尾巴既有平衡身体的作用，又有抓拽食物、悬吊身体的功能。蜘蛛猴身体瘦小，四肢细长，

头部又小又圆，尾巴特别细长，最长可达80厘米，尾巴末端近20厘米毛发稀少，朝下的那面甚至是裸露的，上面有一道道的皱纹，看起来就像波浪纹一样。蜘蛛猴的尾巴异常敏感，缠绕和抓拽的能力特别强，它不仅能协助攀缘，还能紧紧地缠绕在树枝上。蜘蛛猴的尾巴还可以像手一样灵活地采摘食物，动作相当熟练，因此人们把蜘蛛猴的尾巴叫做它的"第五只手"。

蜘蛛猴的"手"还有一种奇特的功能。尾巴里除了一般的血管以外，还有一条直接联结动脉管的中静脉。在天气炎热时，尾巴就变成一个散热器，像狗利用舌头散热一样。当天气转凉，动脉血可以不通过小血管直接回到体内。蜘蛛猴是靠它的尾巴来调节体温的。

蜘蛛猴的食物以果实和树叶为主，它善于树栖生活，敏捷好动。昼分夜合的家群组织方式比较特殊，蜘蛛猴群每群大约有20只。但在森林里，白天极少能见到这么多的家族成员聚在一起，通常是3～5只分散在一棵或几棵树上；傍晚，整个家族才聚在一起过夜。主要是因为蜘蛛猴身体重、食量大，而且其主要食物花和水果资源有限，家族内部成员之间竞争激烈，蜘蛛猴只好采取这种"分"的方式来适应环境。夜晚，蜘蛛猴的群聚主要是为了防御树栖猫科动物的袭击。白天，如果蜘蛛猴遇到敌人，它就像狗一样发出狂叫声，不断投掷树枝驱赶敌害。平时分散得远的话会不时用长长的嘶叫来保持联系，尤其是在早晨和暴雨来临之前，故而当地的土著有"蛛猴叫，大雨到"的说法。

蜘蛛猴的家族比较庞大，据不完全统计，仅南美热带森林就有10多种。还有分布在中、南美洲的褐蛛猴、赤面蛛猴、黑面蛛猴等，巴西还有著名的毛蛛猴，这种猴以特有的、浓密的长毛与其他的蜘蛛猴相区别。蜘蛛猴的毛一般以黑色居多，也有褐色和灰色的，毛质比较粗糙，略似羊毛。

蜘蛛猴是所有新大陆猴中体型最大的品种之一，但是繁殖速度很慢，每2～3年生产一次，每次只产1仔，孕期大约为8个月，幼仔需要同父母一起生活1年左右。由于蜘蛛猴生性怕冷，所以只能生存在热带森林当中。

食梦兽——马来貘

中文名：马来貘

英文名：Malayan Tapir

别称：亚洲貘、印度貘

分布区域：亚洲的马来半岛、印度尼西亚的苏门答腊、泰国南部和缅甸南部的丹那沙林

马来貘在分类上属于哺乳纲、貘科。1996年，世界自然保护联盟将其列入红名单之中，等级是易危，其与环尾狐猴大白鲨属同级保护。

貘科保持着前肢4趾、后肢3趾等原始特征，是现存最原始的奇蹄目。貘的样子像猪，长有能够伸缩的短鼻，游泳和潜水是它特有的技能。貘科现存仅貘属的4个种，分别分布于东南亚和拉丁美洲两地。

马来貘栖息在低海拔的热带丛林内、沼泽地带。因此，在人类的伐木及开发热带雨林林地以作为农工用地之时，便造成了马来貘栖息地被破坏、无法生存的后果。

马来貘喜欢在夜间单独或结小群活动。其嗅觉与听觉十分敏锐，但是视觉差，性格很机警，性情比较温顺，胆子很小。

马来貘也能奔跑，喜欢在泥中跋涉。平时，以水生植物的枝、叶与低矮植物上的果子等为食。

马来貘是4种貘中体型最巨大的，貘的躯体粗壮，腿短。鼻部与上唇发育成厚而柔软的筒状物，可以用来钩住树叶送入嘴内。其貌"似猪不是猪、似

象不是象"，故也有"四不像"之称，一般而言，马来貘体长在180～240厘米之间，站立高度为90～110厘米，成体重量约在250～320千克，个别的可以长到410千克；雌性马来貘比雄性马来貘的个头大，其体浑圆可爱，皮厚毛硬，全身除中后段有如穿着肚兜、包着尿布的白色体毛外，其他部位皆呈黑色。这样的色彩搭配，能够使它在月夜的阴影中与周围环境保持一致，迷惑敌害保护自己。

马来貘平均寿命约20～25年，但是不论是野生或在动物同类的马来貘，都有可能活到30岁。大约4～5岁性成熟，繁殖期不固定，约在4～6月，而怀孕期约390～400天，每次产1仔，极少2仔，雌貘两年才会生一胎，幼貘的哺乳期为3～6个月，出生时幼貘约6.8千克。小貘出生时，通体黑色，缀大量浅色斑点和条纹，便于隐匿。

目前，全球各地的马来貘约有3200只，其中约有200只是在动物园内圈养，约3000只是在野外生存。

马来貘的鼻子很长，而且非常敏锐，能够侦测到食物、危险。由于视力不好，马来貘平常以听觉及嗅觉为主，当马来貘受到威胁时，可以拔腿就跑，若是跑得不够快，还可以躲到水里，伸出鼻子进行呼吸。它们也可以靠有力的下颚及尖锐的牙齿来保卫自己。

马来貘平时喜欢独居，它拥有自己的领域。它以喷射尿液的方式与其他的同类划清领域界线，在与同类沟通时，它会发出高频的声音。而在雨林中进行缓慢散步时，如果途经别的貘的领域，它也会留下自己特有的气味作为记号。

马来貘只吃素，喜好植物的嫩枝芽、树叶、水果、草及水生植物，食性很广，能吃将近百种的植物。它们会在日夜交接时采食，因此虽分类偏向夜行性动物，却非完全的夜行性动物，是为黄昏性动物，在深夜，马来貘也是会睡觉的。马来貘喜欢在泥、沙中打滚，喜好居住在水边，一方面方便打滚、洗澡、游泳，一方面也比较安全。

马来貘被称为食梦兽，因为传说它能吃掉噩梦。此外，中国古代陵墓还常用马来貘作镇墓兽，以防止死者灵魂被恶灵带走。

林中泥牛——犀牛

中文名：犀牛

英文名：rhinoceros

分布区域：全世界

在陆地上，仅次于大象的第二大哺乳动物是犀牛。犀牛的样子有点像牛，身躯又粗壮又庞大，它们主要生活在丛林和草原沼泽地带。犀牛的颈部很宽，四肢粗短，就像4根柱子在支撑着它们庞大的身体。犀牛个头很大，体长220～450厘米，肩高120～200厘米，体重2800～3000千克，皮厚粗糙，并于肩腰等处成褶皱排列；毛稀少而硬，甚或大部无毛；耳呈卵圆形，头大而长，颈短粗，长唇延长伸出；犀牛的角和一般有角动物的角不同，它不是长在头的两侧，而是长在鼻梁的正中线上，一般有一个或两个。

犀牛是唯一可以穿越大片荆棘植物丛而不会感到明显不适的动物，它们粗厚的表皮可抵挡十分尖锐的刺。它们的牙齿和消化系统也很厉害，能毫无困难地将10厘米长的尖刺磨碎，吞进腹中。

犀牛是一种会流汗的动物，但是，荆棘灌木丛植物的水分含量并不多。所以，为了弥补因流汗而丧失的水分，它们必须每天饮水，有时甚至一天数次。

犀牛能够做出很厚的"泥衣"，几乎每天犀牛都会到池沼或泥塘中洗澡，此时，它会在泥水中翻滚搅动，使全身涂上厚厚的泥浆，而且每涂一次就晒一次太阳，直到身上的"泥衣"有6～9毫米厚，它才会停止翻滚搅动。虽

然犀牛皮很厚实，但体表褶缝里的肌肤十分娇嫩，而且血管和神经分布丰富，常常有虫子叮咬和寄生虫吸血，使得犀牛痛痒难忍，而泥衣正好起到保护的作用，还可以遮挡阳光的暴晒。

在现存的犀牛中，印度犀牛是最原始的犀牛。它的皮肤呈深灰带紫色，又硬又厚，上面还长有铆钉状的小结节；在犀牛的肩胛、颈下及四肢关节处，存在宽大的褶缝，因此，犀牛就像穿了一件盔甲。雄性犀牛鼻子前端的角又粗又短，而且十分坚硬，所以人们又称之为"大独角犀牛"。

森林"黑旋风"——野猪

中文名：野猪

英文名：wild boar

别称：山猪

分布区域：除澳大利亚、南美洲和南极洲外的世界各地

野猪又称山猪，是一种偶蹄目猪科猪属的动物。它们体躯健壮，四肢粗短，头较长，耳小并直立；野猪的鼻子是拱的，吻部突出似圆锥体，其顶端为裸露的软骨垫，每脚有4趾，有硬蹄，它们仅中间2趾着地；尾细短；犬齿发达，雄性上犬齿外露，并向上翻转，呈獠牙状。野猪耳披有刚硬而稀疏的针毛，背脊鬃毛较长而硬；整个体色棕褐或灰黑色，因地区而略有差异。野猪的皮肤为灰色，且被粗糙的暗褐色或者黑色鬃毛所覆盖，在激动时它们竖立在脖子上形成一绺鬃毛，这些鬃毛可能达到17厘米长。一般情况下，野猪的雄性会比雌性大。

野猪分布范围极广，在不同的大洲有不同的种类，其中较为奇特的种类有非洲红河猪、须野猪、鹿豚、疣猪、西貒等。

野猪猪崽毛粗而稀，带有条状花纹，鬃毛几乎从颈部直垂至臀部，它的耳朵又尖又小，嘴尖而长，头和腹部都很小，脚又高又细，蹄呈黑色。背直不凹，尾比家猪短，雄性野猪具有尖锐发达的牙齿。纯种野猪和特种野猪主要表现在耳、嘴、背、脚、腹的尺寸大小程度上。野猪的寿命约为10～21年，人工饲养条件下会长一些。

　　野猪属于"一夫多妻"制。在发情期，雄性野猪之间会发生一番争斗，取胜的野猪能够占据统治地位。雌性野猪性成熟一般在18个月左右，雄性野猪则需要3～4年，母猪妊娠期112～130天，每次产2～6仔，多的可以达11仔。8～10周时断奶。繁殖期集中在雨季前，一般为在1～2月或者7～8月。雌性野猪不愧是"英雄母亲"，在快要分娩的前几天，它就开始寻找安全的地方作为"产房"。"产房"一般选在隐蔽处，它叼来树枝和软草，铺垫成一个松软舒适的"产床"，以便为刚出生的"儿女们"遮风挡雨。出生一周后回到群体，群体中的任何一只母猪都会照顾猪崽。野猪在出生的头一年中，体重能增加100倍，这种生长速度在脊椎动物中是很少的。随着小野猪逐渐长大，雄性野猪很快就会寻找雌性野猪。如果食物充足，最佳孕育年龄的雌性野猪一年能生产两次。野猪的繁殖率和幼仔的存活率都比较高。野猪幼仔出生后，身上的颜色会随着年龄的变化而变化。从出生到6个月期间，身上有土黄色条纹，这是为了更好地伪装自己，以后身上的条纹开始逐渐褪去。在2个月到1岁期间，它的身上的毛是红色的，而1岁以后，便进入成年期，身上的颜色也变成了黑色，常被人们称作"黑野猪"。

野猪栖息于山地、丘陵、荒漠、森林、草地和林丛间，适应性极强。白天通常不出来走动，一般早晨和黄昏时分活动觅食，是否夜行性尚不清楚，中午时分进入密林中躲避阳光，大多集群活动，4～10头一群是较为常见的。野猪喜欢在泥水中洗浴。在树桩、岩石和坚硬的河岸上，雄性野猪会花费许多时间摩擦它的身体两侧，这样很容易就把皮肤表面磨成了坚硬的保护层，可以避免在发情期的搏斗中受到重伤。野猪身上的鬃毛具有像毛衣那样的保暖性。到了夏天，它们就把一部分鬃毛脱掉以降温。野猪的活动范围一般8～12平方千米，它们大部分时间在熟知的地方活动。在领地内固定的地点排泄，其粪便的高度可达1.1米。每群野猪的领地大约为10平方千米。

迷敌高手——大灵猫

中文名：大灵猫

英文名：　Genet

别称：香猫、九江狸，九节狸 、灵狸、麝香

分布区域：热带季雨林、亚热带常绿阔叶林的林缘灌丛

　　大灵猫的个头较大，身体细长，额部较宽，吻部略尖。体长65～85厘米，最长的甚至可达100厘米。大灵猫尾巴很长，可达30～48厘米，体重6～11千克。大灵猫长有灰黄褐色的体毛，其头、额、唇都呈灰白色，体侧分布着黑色斑点，在它的背部中央位置，长有一条竖立起来的纵纹形黑色鬣毛，直达尾巴的基部，两侧自背的中部起各有一条白色细纹。大灵猫颈侧至前肩，各有3条黑色横纹，这些横纹之间，夹有2条白色波浪状横纹。大灵猫的胸部和腹部为浅灰色。其四肢较短，呈黑褐色。尾巴很长，超过体长的一半，在尾巴的基部，有1个黄白色的环，后面分别有4条黑色的宽环和黄白色的狭环，相间排列，尾巴的末端为黑色，因此，俗称"九节狸"。

　　在雄性大灵猫的睾丸与阴茎之间，雌性大灵猫的肛门下面的会阴部附近，都有一对囊状芳香腺，非常发达，雄性大灵猫开启的香囊呈梨形，在香囊内壁的前部，长有一条纵嵴，其两侧有3～4条皱褶，后部两侧有两个凹陷，又深又大，内壁生有短茸毛；雌性大灵猫开启的香囊多呈方形，在其内壁的正中，仅有一条凹沟。在其两侧，各有一条浅沟。油液状的灵猫香从香囊中缝的开口处分泌出来，有动物外激素的作用。灵猫香并不香，相反，它很臭。

当发现敌害时，大灵猫就会喷出这种带有臭气的灵猫香迷惑对方，这种御敌的方法十分有效，来犯者闻到这种气味会立即转身离开，大灵猫则趁机逃到树上躲藏起来。

在我国秦岭、长江流域以南，除中国台湾省以外的华中、华东、华南、西南各省区，分布着许多大灵猫。海拔2100米以下的丘陵、山地等地带及亚热带常绿阔叶林的林缘灌木丛、草丛中，都是大灵猫的栖息地。大灵猫居住在岩穴、土洞或树洞中，过着独栖生活，喜欢昼伏夜出。大灵猫在活动时，喜欢沿着人行小道或在田埂上行走，除了特殊情况外，多数大灵猫仍然依照原路返回洞穴。大灵猫这种特殊的定向本领，靠的就是灵猫香。大灵猫在活动时，只要是栖息地内的树干、木桩、石棱等突出的物体，它都会用灵猫香进行涂沫，俗称"擦桩"，这种擦香行为有标记领域的作用，也是它与同类联络的一种方法。当大灵猫获得食物或遇到敌人后，它能按照自己留下的标记所指引的路线以最快的速度返回洞穴。灵猫香气味挥发性强，存留时间久，这非常适用于距离洞穴有一定距离，或者空间有植物障碍以及相隔时间较长

的情况。这种利用化学气息联系的方式，被称为化学通讯。灵猫香是一种外激素，因其具有通讯信号的作用，所以又叫信息素。

　　大灵猫有着灵敏的听觉和嗅觉，生性机警，它善于攀登树木，也是游泳的能手。为了捕获猎物，大灵猫经常涉入水中，但主要在地面上活动。它食性较杂，以昆虫、鱼、蛙、蟹、蛇、鸟、鸟卵、蚯蚓及鼠类等为食，此外，它还吃植物的根、茎、果实等，有时大灵猫还会潜入田间和村庄，偷吃庄稼、家鸡和猪仔。大灵猫在捕猎时，多进行伏击，有时会把身体没入两足之间，像蛇一样爬过草丛，悄悄地接近猎物时，就会突然冲出捕食。

"单杠"冠军——树懒

中文名：树懒
英文名：Folivora
分布区域：拉丁美洲的热带森林

树懒是树懒科动物，属哺乳纲，贫齿目。在巴西、圭亚那、厄瓜多尔、秘鲁、巴拿马、尼加拉瓜和西印度群岛，人们都可以看见树懒的身影。

树懒形状略似猴，属于哺乳动物，产于热带森林中，共有2科2属6种。树懒的动作非常迟缓，常用爪倒挂在树枝上，几个小时不移动，因此得名"树懒"。树懒是唯一身上长有植物的野生动物，它虽然有脚但是却不能走路，靠得是前肢拖动身体前行。

树懒的头又圆又小，耳朵也很小，而且隐没在毛中。上颌有5齿，下颌有4齿，细小而没有釉质。尾巴很短，只有3～4厘米。

根据树懒趾数的多少，动物学家将它们分成两种，即三趾树懒和两趾树懒。前者身长50多厘米，两臂平伸，宽可达80多厘米，四肢为三趾。它们行动缓慢，每迈出一步需要12秒钟，平均每分钟只走180～250厘米，每小时只能走100米，比乌龟还慢，树懒是世界上走得最慢的动物。两趾树懒体型稍大，前肢生两趾，后肢生三趾。

树懒还有大家所不知道的特点，比如倒挂术和伪装术。倒挂在树上是它的习性，它可以四肢朝上、脊背朝下，一动不动地挂在树上几小时。饿了摘些树叶吃，食物不足时，它也懒得去寻找。它忍饥挨饿的本事十分强，饿上

十天半个月也安然无恙。

　　它能长时间地挂在树上，是因为它有一副发达的钩状爪，能够牢固地抓住树枝，并能吊起它几十千克重的身体。树懒平时不下地，只是一周下地排泄一次，雌性树懒要分娩时才下地，离开它所生活的那棵树，再爬到另一棵树上生宝宝。

　　热带树叶生长快，吃掉的树叶很快会重新长出来，无需树懒移动地方就有足够的食物吃。树叶汁多，环境又阴湿，用不着下地找水喝，这一切都适合它的懒习气。因此，它睡眠、休息、行动，几乎都是行背倒转的生活方式。树懒最大的特点是懒，它的一举一动好像都经慢镜头处理过似的，让人看着就着急。树懒活动起来，四肢半天才动一下，动物学家一直没把这种动物归类，所以只好根据它的行为特征称之为树懒。

　　树懒的伪装本领十分高强，因而有"拟猴"之称。树懒善于模拟绿色植物。它本来的毛色是灰褐色，长期悬挂在树上后，身上长满绿色的藻类、地农等，给它增添了一层保护色，挂在树上十分隐蔽，使它的敌害非常不易发现。这些绿色的藻类，靠树懒身上排出的蒸汽和碳酸气而滋生在它长毛的表面上。这些藻类的繁殖，除了给树懒以伪装，又给吃藻类的昆虫幼虫提供了共生的环境。它们靠树懒为生，树懒靠它们伪装保护自己。这种动物、藻奇怪的结合，从树懒幼小时开始，一直持续到树懒死亡。

树懒大都是在排泄时被猎杀的。树懒总是钟情于在一棵树下排泄，而且是在树根底下。也许大家会问，难道树懒在树上就不能排泄吗？在树上排泄也有好处，脏物可以直接排泄到地下。可是树懒偏不这样，它爬下树去排泄的速度很慢，这无形之中就给掠食者提供了机会。一旦树懒下了树或者正抱着树干爬时，掠食者就会夺去它的性命。

树懒不愧其名，它真的是懒得出奇，什么事都懒得做，懒得吃，也懒得玩，即使必须活动，它也总是懒洋洋的。就连被人追赶、捕捉时，它也是一副若无其事似的样子，慢吞吞地爬行。面临危险的时刻，其逃跑的速度仅0.2米/秒。

杂技高手——白掌长臂猿

中文名：白掌长臂猿

英文名：White-headed Gibbon

别称：白手长臂猿、僚棒猴、南尼

分布区域：中国西南部、缅甸、老挝、泰国和整个马来半岛

"巴东三峡巫峡长，猿啼三声泪沾裳。"这里的猿就是大名鼎鼎的长臂猿，这种在遗传学上来说与人类接近的动物，是仅有的现生类人猿之一，与猩猩、大猩猩、黑猩猩一起被称为四大类人猿，是仅次于人类的高级灵长类动物。目前，世界上共有7种长臂猿，其中生长在中国的有5种。分别是白掌长臂猿、白眉长臂猿、海南黑冠长臂猿、黑长臂猿和白颊长臂猿。

白掌长臂猿是长臂猿里面较为知名的一种，在历史上，白掌长臂猿曾广泛生活在中国、缅甸、泰国甚至苏门答腊岛的热带雨林中。近几十年来，随着人类对雨林的过度砍伐，白掌长臂猿的数量大为减少，尤其是中国的白掌长臂猿已经到了濒临灭绝的边缘。

白掌长臂猿的毛有黑色、黑褐色、浅棕色、砂色等多种颜色。它们的共同特征是手和脚是白色的，面部周围常形成明显的白色面环。雌性和雄性的大小也有差异，即便是同一种长臂猿，在毛色上也有差别。热带雨林是白掌长臂猿的天堂，它们在枝头嬉戏，将自己沉浸在雨林的怀抱中。白掌长臂猿有非常长的手臂，细长的手，弯曲的手指，而它的腿相对较短。值得注意的是，白掌长臂猿的肘部很长，臂肘可以旋转360°，可以左右前进，还能急进

急退，双足可以辅助蹬踏，这样的体型使它可以在树枝上做出高难度的动作。像所有的类人猿一样，它们的尾椎数目已大幅减少，只有一个极短的尾巴。

　　白掌长臂猿主要以热带雨林的花果和昆虫为食，人们对雨林的过度砍伐首先使白掌长臂猿失去了赖以为生的食物，这是造成它的数目急剧下降的重要原因。白掌长臂猿昼夜都在树上生活，很少下到地面上来活动。无论多高的枝头，它们都能敏捷地从这一棵树上荡到另一棵树上。

　　白掌长臂猿四季均可繁殖，年产1胎，雌兽的怀孕期为7～7.5个月，每胎产1仔。初生的幼仔体色呈淡黄色，体重为110～170克，6个月后断奶，8个月就能完全独立生活，7～8岁时性成熟，寿命为20～30年。白掌长臂猿是"一夫一妻"制，雄性主导家庭，通常和未成年的子女生活在一起。一旦幼猿到了性成熟期，它就会被驱逐出家门，开始独立生活。

树上精灵——黑长臂猿

中文名：黑长臂猿
别称：冠长臂猿
英文名：Hylobates concolor
分布区域：热带雨林、南亚

黑长臂猿是个头中等的猿类，身体矫健，体长40～55厘米，体重7～10千克。黑长臂猿的前肢明显比后肢长，没有尾巴。全身披着短而密的毛。雄性黑长臂猿全身为黑色，头顶长有短而直立的冠状簇毛；雌性黑长臂猿体背为灰黄、棕黄或橙黄色，头顶长有棱形或多角形的黑褐色冠斑。它的胸腹部呈浅灰黄色，常染有黑褐色。

热带雨林和南亚热带山地湿性季风常绿阔叶林，是黑长臂猿的栖息地。它的栖息地海拔为100～2500米，在所有的已知种类中，黑长臂猿是分布海拔最高的物种。在中国云南中部黑长臂猿的栖息地，由于气候温凉湿润、终年无雪、霜期短，一年四季黑长臂猿都有鲜嫩的树叶、花苞和果实。活动领域相对固定，没有季节迁移现象。黑长臂猿在15米高大乔木的树冠层或中层中进行觅食活动，人们很少见到在5米以下的小树上活动的。

黑长臂猿喜欢生活在茂盛的树冠上，它们经常在白天活动。活动时，黑长臂猿很少离开树木，也很少在树上用前肢爬，它们活动时几乎都是在树枝上用前肢攀登，或是在树枝间悠荡，可以说是凌空跳跃，攀揽自如，在悠荡时，它们不必用拇指抓握，只需用前掌四指搭一把，就能腾跃而过。但在爬

树时，它们则要用大拇指。

　　黑长臂猿不造窝，它们在茂密树叶<u>丛</u>里休息。黑长臂猿休息的姿势十分有趣，就像人蹲在地上那样，用前肢抱拢两膝，脸贴胸、膝。由于身上浓密的厚毛不透雨水，有保湿作用。有时，黑长臂猿还会在大树干上仰天而卧。只有进行觅食时，它们才会爬到高突的树冠上，或竹林灌丛中。

　　黑长臂猿非常贪食。它们主要以水果为食，有时也吃少量的花、叶、芽和昆虫。不大喜欢喝水，它们身体的水分来源主要靠食物里的水分，或雨后舔树叶上的水，只有在春旱时，黑长臂猿才偶尔下地喝水。

　　黑长臂猿的种群较大，这与其他长臂猿不同。一般每群黑长臂猿有6～10余只。它们施行"一夫二妻"制，即一只成年雄性黑长臂猿和2只成年雌性黑长臂猿。如果是受到干扰的小群黑长臂猿，则施行"一夫一妻"制。黑长臂猿社群的活动范围多数在60公顷左右，比其他长臂猿要大。

　　刚生出的黑长臂猿幼仔为黄褐色，5～6个月后，这些幼崽就会逐渐变黑，

5～7岁成熟。此时，雌猿的体毛就会变成浅黄褐色，但其头顶额冠处仍会保留一小块黑毛；雄猿全身的体毛则是墨黑的。有的黑长臂猿两侧颊部长有白斑或淡黄褐色斑，这一类黑长臂猿也被命名为白颊长臂猿。

血液杀手——吸血蝠

中文名：吸血蝠
英文名：Desnodus rotundus
分布区域：美洲中部和南部

提起吸血蝙蝠，人们的脑海中就会浮现出一种恐怖的景象。它们经常在夜晚从盘踞的山洞中飞出，寻找那些可以猎取的温血动物。黑压压的一片横扫地面，发现猎物后便开始吸食血液，这种可怕的行为，让人们的心理产生了极大的恐惧感。

有一种"嗜血如命"的吸血蝠，栖息在美洲大陆的一些山洞里。它们经常在夜晚出来活动，当肉食动物们都休息后，吸血蝠就会从阴暗的山洞中飞出，寻找可以吸食的猎物。

这种身体短小而浑圆的美洲吸血蝠，身长不超过7厘米，体重在100克左右。它有着锋利的牙齿，凭借这个锐利的武器捕食猎物。

吸血蝠具有奇怪的生理特征，它仅以吸食血液为生。吸血蝠的生命是靠血液维持的，体重与吸到的血液也有着密切的关系。若超过60小时没有血液食源，它便无法维持自身的体温，体重减少25％。所以，吸血蝠会疯狂捕食猎物，吸食它们的血液以维持自身的代谢，保证体内有充足的能量避免死亡。

现已查明的吸血蝠共有3大种类：普通吸血蝠、白翅吸血蝠以及边毛腿吸血蝠。它们只生活于美洲热带地区。

吸血蝠的适应能力极强，它们不仅可以生活在热带雨林的潮湿环境中，

也可以在较冷的山区生存。吸血蝠与普通蝙蝠一样，具有敏锐的听觉和嗅觉，并利用回声探测确定方位。吸血蝠会根据猎物的不同而选择不同的吸食部位，如果被吸血的对象是鸟类，它会选择腿部吸血；如果被吸血的对象是猪，它就选择其腹部；如果遇到的是牛、马，它便选择它们的背部和体侧下手。对于年幼的吸血蝠来说，猎食则是一种艰难的事情。它们要学会迅速而准确地猎食，既要吸到血液，又不会让猎物感觉到疼。吸血蝠吸公鸡的血时，通常是突然降至地面，后肢着地，同时用翼将公鸡的一只腿钩攀住，开始吸血。当吸血蝠吸食人血时，常在夜深人静时，偷偷地潜入屋内，用翼肘撑起身子，慢慢地爬向熟睡的人。它首先会试探性地咬一下人的鼻子或面颊，看看他们是否已睡熟，然后将身子缩回来，如果人没有任何反应，它们便会立即上前，用门齿割开一个非常浅的小口，用舌头快速地舔吃血液。被咬的人只会有微微痛痒的感觉，而此时他们的血早已成为吸血蝠的美餐了。

　　吸血蝠每次的吸血量约50克，相当于自身体重的一半左右，但有时它的吸血量也会达到自身体重的1倍多，吸血蝠的口内有着特殊的构造，每次吸血时，都是通过舌下的两条通向喉头的小沟完成的。同时，吸血蝠的唾液中含有一种奇特的化学物质，能够防止血液凝固，这使它在吸血过程中，能够不断地获得食源。

令人惊奇的是，嗜血如命的吸血蝠彼此间还存在一种互惠性无私行为。当面临饥饿危险时，它们会组合成群体进行相互援助，以血液反哺，来增大彼此的生存机会。在长期的进化过程中，吸血蝠的生理系统已有所改变，它们不再摄取除血液以外的其他食物，因此而成为动物界中的"血液杀手"。

中华国宝——白唇鹿

中文名：白唇鹿
英文名：white-lipped deer
别称：岩鹿、白鼻鹿、黄鹿
分布区域：中国

　　白唇鹿是我国特产珍贵的大型动物。白唇鹿的体型相当大，其体毛呈暗褐色，并带有淡色的小斑点，夏季毛色近黄褐色。体毛长而粗硬，保暖性能好。头骨泪窝大而深，成年雄鹿有长角，且有 4 ～ 6 个分叉，雌鹿无角。蹄子宽大，适于爬山和攀登裸岩峭壁。它们最主要的特征是：有一个纯白色的下唇，因白色延续到喉上部和吻的两侧，故名"白唇鹿"。

　　白唇鹿栖息在海拔 3500 ～ 5000 米的高寒灌木丛中，也攀登于流石滩和裸岩峭壁，白唇鹿于晨昏采食，以高原生长的草本为主，禾本科和莎草科植物是白唇鹿的主要食物，也啃食山柳、金腊梅、高山栎和小叶杜鹃等灌木的嫩枝叶。但随着栖息环境的不同，其食物比例和成分也有所改变。1986 年，在青海玉树、果洛和四川甘孜等地区，中、日进行合作，对白唇鹿的食性与繁殖进行了初步观察，发现白唇鹿取食 62 种植物，隶属 24 科，其中有 24 种为最喜食植物。它们还有舔食盐碱的习性，以春夏季较为常见。

　　每个白唇鹿群通常为 3 ～ 5 只，有的白唇鹿群也有数十只，甚至还出现过 100 ～ 200 只的大群。白唇鹿群可以分为由雌兽和幼仔组成的雌性群、雄兽组成的雄性群以及雄兽和雌兽组成的混合群三个类型。雄性群中的个体比

雌性群少，最大的群体也不超过8只，混合群不分年龄、性别，主要出现在繁殖期。

　　在夏季，白唇鹿大多在高山草原上度过，冬季到来时，它们则会向灌木林移动，以避开积雪多的高山草原。但是，由于青藏高原近80％的草场是牦牛、绵羊、山羊的放牧地，所以，为了避开与这些家畜和牧民的接触，白唇鹿出现了季节性的移动，来到家畜到不了的海拔5000米以上甚至更高的地域，即湖中的岛屿、被湿地包围的地域和悬崖上的草地。冬季，它们则迁移到海拔较低的草地上生活。

　　人们为了保护野生的白唇鹿，近年来，已经在青海、甘肃、四川等地的很多饲养场，对白唇鹿进行驯养。此外，还有很多分散的饲养者。现在，很多地方已经实现放牧，不仅可以减少饲养费用，而且还能提高白唇鹿的繁殖率。

犀牛之王——白犀牛

中文名：白犀牛
别称：方吻犀、宽吻犀
分布区域：非洲

白犀牛分类哺乳纲、奇蹄目动物。主要分布在非洲，为濒临绝种保护类野生动物。白犀牛头躯干长335～420厘米，尾长50～70厘米，肩高150～185厘米，体重雄性2000～3600千克，雌性1400～1700千克。体色由黄棕色到灰色，耳朵边缘与尾巴有刚毛，其余部分则无毛，上唇为方形。鼻上的角平均为60厘米，最长可达200厘米。

犀牛是草食性动物，共有5个种类，分别是：白犀牛、黑犀牛、苏门答腊犀牛、印度犀牛和爪哇犀牛。黑、白犀牛和苏门答腊犀牛都长有一前一后一对角，印度犀牛和爪哇犀牛只有一只角。

白犀牛的体型是5种犀牛中最大，重达1800～2700千克，肩高150～180厘米。在所有陆地哺乳动物中，白犀牛是唯一一种体型大于非洲象和亚洲象的动物。

雄性白犀牛个头比雌性白犀牛大。白犀牛个头大，前额较平，肩部更加突出。白犀牛也被称作"方嘴唇犀牛"，因为它的上嘴皮较宽较平。它的前角大于后角，平均长度60～150厘米。

白犀牛的体色并不是白色，而是蓝灰色或棕灰色。它之所以被称为白犀牛，是南非语"宽"翻译有误导致的。白犀牛的视力很差，但听力和嗅觉非常敏锐。

白犀牛生活在南部和中部非洲的大草原和林地。它们生活的区域地形比较平坦，有灌木作为掩护，同时草场和水源丰富。

在安哥拉东南部、莫桑比克中部和南部、津巴布韦、博茨瓦纳、东部纳米比亚以及北部和东部南非，是南部白犀牛曾经生活过的地方。一直以来，人们都以为南部白犀牛已经灭绝，1895年，人们在南非德班再次发现南部白犀牛。

现在，南部白犀牛主要生活在南部非洲的保护区内，特别是在德班的Hluhluwe / Umfolozi保护区内，南部白犀牛的数量较多。博茨瓦纳、纳米比亚、斯威七兰、津巴布韦和莫桑比克还有少量的南部白犀牛。20世纪70年代，南非重新向肯尼亚引进了20只南部白犀牛，现在的数量约为170只，其中120只在一家私人救助中心，其余50只生活在两个国家公园。

成年雌性白犀牛会在6～7岁左右产下第1仔，怀孕期大约为16个月。每2～4年产1仔。雄性白犀牛的性成熟期在10～12岁。小白犀牛出生后3天

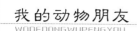

会一直跟随在母亲的身后，之后一般会跑在母亲的前方。哺乳期大约为1年，3个月后小白犀牛就会啃咬草皮了。

一个白犀牛家群多至14个成员，但较小的家群只有母亲和小犀牛，可见，白犀牛的社会结构相对来说比较复杂。

第二章

森林中的梦幻猎手

　　世界森林动物资源的分布依森林地理而变化，其种群数量由寒带、温带到热带逐渐增多。陆生动物中最大的如象、犀牛，最凶猛的如虎、豹，最进化的如猿、猩猩等都生存于森林之中。我国地域辽阔，森林跨寒、温、热 3 大气候带，动物众多。本章将让你领略森林动物中的那些捕措高手。

森林之王——老虎

中文名称：老虎

英文名：tiger

分布区域：东北亚和东南亚

和其他动物比起来，老虎在人们的心目中具有举足轻重的地位。到了后来，老虎们则成了"保护者"的象征。而老虎在这个星球上的生存状态也代表了人类在努力协调与其相互矛盾的需求和欲望。

一般说来，人们认为老虎和狮子是猫科动物中体型最大的，事实上也是如此，老虎和狮子的体型大小的确差不多。在印度次大陆和俄罗斯都曾经发现过世界上最大的老虎，在那些地方，雄性老虎的体重平均在180 ~ 300千克之间。但是在印度尼西亚苏门答腊岛上，雄性老虎的体重平均只在100 ~ 150千克之间。

在猫科动物家族中，动物们大多善于追踪猎物，而且还能把自己隐蔽得很好，最后一下子把猎物抓到。除了它们的体型和皮毛的颜色以外，这些技能和特征就是猫科动物和其他动物之间最大的区别。

老虎和其他的大型猫科动物一样，要靠捕猎才能生存下去，而这些猎物往往比老虎本身的块头还要大。老虎的前肢短而粗，有着长长的锋利的爪子，而且这些爪子是可以收缩的。一旦老虎"看上"了一只大型的猎物，这些外在条件就能保证它把猎物捕获。老虎的头骨看上去像缩短了一样，这让它本来就很强大的下颚更增加了力量。它们通常会从猎物的背后袭击，在脖子上咬上致命的一口。有的时候，它们还会紧紧地咬住猎物的咽喉处，使猎物因窒息而死。

完全属于老虎独一无二的特征的是它们背上黄白相间的皮毛、黑色的斑纹，每只老虎的身上都有它自己特殊的图案，通过这些图案就能分辨出单个的老虎。如果你去过动物园，就知道白老虎通常是最不常见的。这种老虎可不是靠科技上变化出来的，它们都是一只名叫"莫汗"的老虎繁衍出来的后代——"莫汗"是被印度中央邦雷瓦地区的王公捉住的一只雄性孟加拉虎。也有报道称，在印度其他地区曾经出现过全身几乎都是黑色的老虎。然而，不管是全身白色的老虎，还是全身黑色的老虎，这样的种类在野生动物界中都是极为罕见的。

尽管老虎的种类出现了皮毛上的变异，但令人惊奇的是，所有的老虎都拥有垂直的斑纹。这些斑纹为它们提供了非常好的伪装，借助这身伪装，老虎就能一直跟踪着猎物，直到距离猎物足够近的时候，再向猎物发动猛烈而致命的攻击，最后成功地捕获猎物。

狮子和猎豹的栖息地比较开阔，没有厚密的树林，所以它们在捕猎的时候，不会过度地隐蔽自己。老虎则不同，它们是最善于隐蔽自己和埋伏捕猎的肉食动物。在环境相对狭小而猎物又相对分散的情况下，老虎捕猎就很少合作，所以，老虎的社会体系相对松散。虽然它们相互之间保持着联系，但个体之间的距离却比较遥远。

　　多项无线电通讯的追踪调查研究表明，在尼泊尔和印度，雌性老虎和雄性老虎都有各自的领地，而且会阻止同性老虎进入。母虎的领地相对比较小，而且与这个地区食物和水的丰富程度以及要抚养的幼虎个数有很大关系。一只雄性老虎总是负责保护几头雌性老虎各自的领地，并且总是在试图扩大领地。一只雄虎的成功与否以及其领地大小，都取决于它的力量和战斗能力。通常，雄虎不承担幼虎的具体抚养责任，它只负责保护好这块领地不受其他雄虎的侵犯就行了。

　　对老虎来说，在保住自己领地的过程中潜藏着危险，即便打赢了也可能受伤，甚至有失去捕猎能力的可能，最终导致饿死。因此，老虎会留下标记，暗示其他老虎这个地方已经有主人了，以尽量减少无谓的"战争"。其中一种标记就是尿液(但是混合了肛门附近的腺体分泌物)，老虎把这种混合液撒在树上、灌木丛里和岩层表面等处。还有一种标记就是粪便和擦痕，老虎把它们留在常走的路上和领地中所有明显的地方。这些标记的作用可能是告诉其他老虎，这个地盘已经有主人了。也可能是传递另外一些信息，如其他老虎可以通过这种气味辨别出这是哪一只老虎留下来的。通常，当一只老虎已经死亡而不能再继续拥有那块地盘的时候，外边的另一只老虎会在短短的几天或几个星期之内占领这块已经没有主人的地盘，并释放出某种气味信号。

　　老虎在3～5岁的时候性成熟，但是建立自己的领地和开始繁殖后代则需要更长的时间。母虎在1年内的任何时候都可能生育幼崽，甚至在冬天也有老虎交配生崽。母虎到了发情期，会频繁地发出吼叫，而且加快某种气味标记释放的频率，以这种方式来告诉雄虎它要交配。交配期通常会持续2～4天。母虎怀孕103天后就会生产，通常每胎产2～3只幼崽。幼崽刚生出来的时候不能睁开眼睛，需要精心照料。至少在出生后第一个月的时间里，虎崽需要吃母虎的奶才能存活，而且要待在虎穴里保证安全。遇到某种危险的情况时，母虎会用嘴轻轻地叼着虎崽在两个巢穴之间转移。

当虎崽6个月大时，母虎就开始教它们如何捕猎、如何进行隐蔽、如何杀死猎物等各项本领。虎崽长到一两个月大的时候，母虎就开始带着它们离开巢穴过野外生活，当它们遇到追杀的时候，就会逃回原来的巢穴。雄虎一般是不参与抚养虎崽的，但是偶尔也会参加进来，甚至让母虎和虎崽们分享它捕到的猎物。当一只雄虎占领了一只母虎的地盘后，它就会杀死这只母虎原来所生的幼崽(也就是"杀婴行为")，然后迫使这只母虎的发情期提前到来，跟它交配，从而尽快地生出自己的后代。

虎崽一般至少要跟着母虎生活15个月的时间，然后才会逐步开始独立生活。这个时候，尽管幼虎的身体还没有完全发育成熟，但是，它只能主动地离开母虎，否则就会被母虎赶走，因为母虎通常在这个时候已经开始准备生育下一胎幼崽了。

王者雄风——东北虎

中文名：东北虎
别称：西伯利亚虎、朝鲜虎、远东虎、满洲虎、阿穆尔虎、阿尔泰虎
分布区域：俄罗斯远东地区、中国东北的小兴安岭和长白山区、朝鲜北部

东北虎的身上，有斑斓的锦衣；它的额上，是赫然分明的"王"字；它的长尾，如铁棒一般刚猛有力；它的力量，如霸王一般无敌。它就是丛林里的主角——东北虎。

东北虎也称西伯利亚虎，是所有猫科动物中体型最大的，体重可以达到350千克。每头东北虎都拥有自己广阔的领地，否则难以生存。它们主要在夜间活动，白天则在岩石间和草丛中休息。东北虎居无定所，在自己所管辖的领域内巡游，碰到狼还会把它赶走。

东北虎天生是一个流浪者，无论是成年虎，还是幼虎，在一年中的大部分时间里，它们都是四处游荡、独来独往的，只是到了每年冬末春初的发情季节，成年雄虎才开始筑巢，迎接雌虎。不过，这种"家庭"生活不会过太久，雄虎又会不辞而别，把产崽、哺乳、养育的任务全部推给雌虎。雌虎怀孕期约3个月，多在春夏之交或夏季产崽，每胎有 2 ~ 4 个幼崽。雌虎生育之后，性情特别凶猛、机警。

东北虎有"丛林之王"的美称，是因为它拥有矫健有力的身体、聪敏的智力、敏锐精准的感觉器官，虎爪有6厘米长，这样的利器可以轻而易举将猎物开膛破肚，而它的牙齿最长可以达到10厘米，这样长的牙齿还有什么样

的肉是咬不碎的呢？东北虎常以伏击战来捕捉猎物，得手以后要么一口将猎物的喉咙咬断，要么虎掌一挥将猎物的颈椎生生折断，接下来就可以慢慢享用了。运动中的东北虎如同在陆地上滑行，动作流畅，形态健美得令人赞叹，它的身上极少见到脂肪，粗壮的骨骼上连接大块的肌肉，肌肉纤维也很粗，这正是它无穷力量的来源。

东北虎还有聪敏的智力，它们进出巢穴不留一点痕迹，而雌虎在出去觅食时，也不忘保护幼崽，总是小心谨慎地先把虎崽藏好，防止被发现。当它回窝时，通常都不走原路，而是沿着巢穴附近的山岩溜回来，检查是否有敌人在附近。

东北虎在食物链中是处于顶层的王者地位。它们生性内向、孤独、多疑、凶猛，在丛林中出没无常，而且食量极大。据调查，在一只东北虎的领地内，必须存在不少于150～160只野猪和180～190只鹿才能满足这位"丛林之王"的生存。

黑衣使者——黑熊

中文名：黑熊
英文名：Moon bear
别称：狗熊、黑瞎子、月熊、狗驼子
分布区域：亚洲南部

　　黑熊在我国也被称为狗熊、熊瞎子或狗驼子，在其他国家也被人称为月熊、喜马拉雅熊或藏熊。黑熊的个头中等，体长120～180厘米，母熊的个头比较小。黑熊的体毛又粗又密，一般为黑色（也有棕色），头部又宽又圆，耳朵圆，眼睛比较小。黑熊以四只脚行走，属跖行类动物，四肢粗壮有力，脚掌硕大，尾巴较短。黑熊属林栖动物，特别喜欢生活在植被茂盛的山地。

　　黑熊的头部宽圆，长着两只圆圆的大耳朵，形状就像米老鼠。它们的眼睛很小，但具有彩色视觉，这样它们就能分辨出水果和坚果的不同了。黑熊的口鼻又窄又长，呈淡棕色，下巴则呈白色。黑熊的黑毛虽不太长，头部两侧却长有长长的鬃毛，让它们的大脸更加宽大。它们长有粗壮有力的四肢，脚掌很大，尤其是前掌，更为硕大。在其脚掌上，长有5个带着尖利爪钩的脚趾，但它们的爪钩不能收回。黑熊的尾巴也很短。

　　黑熊喜欢独居，只有在交配的时候雌雄才会相会，并一起寻找食物。由于所处地区不同，黑熊的交配季节也各不相同，生活在俄罗斯的黑熊在每年的6～7月交配，而它们的爱情结晶通常在12月至翌年的3月间出生；生活在巴基斯坦的黑熊通常到了10月才会考虑传宗接代，黑熊的宝宝一般在次年的

2月前后降生。熊妈妈的孕期有6～7个月，并会出现受精卵延迟着床的现象，时间约有2个月。但对于延迟着床现象的发生机制人类还不十分了解。

黑熊妈妈每次能产下2～3只幼崽。刚出生的幼崽很小，体重只有200～300克。这是因为黑熊妈妈在怀孕期间不再进食，而是将体内的蛋白质分解成葡萄糖来为肚子里的宝宝提供养分。由于在母体内养分吸收不足，出生后的黑熊宝宝体型十分小。不过熊妈妈的母乳蕴涵极为丰富的脂肪和养分，足以将它们先前缺失的部分补充回来，也正因如此，黑熊妈妈不必像其他食肉动物那样，需要多次给幼崽哺乳。熊宝宝出生一周后就能睁开眼睛，3个月后就可以断奶。熊宝宝通常会和妈妈一起生活2～3年才会独闯天下，性成熟则是3～4岁。由于熊妈妈一般每2～3年生一次宝宝，因此，有的熊妈妈可能同时和不同年龄的孩子生活在一起。

黑熊大多在夜间出行，白天，它们则躲在树洞或岩洞中休息。秋季，它们更少在白天外出。虽然黑熊看起来很笨重，但它们都是游泳和爬树的高手。它们也能长时间依靠后腿站立，并利用前爪攻击对手或者获得食物。

美洲霸王——美洲黑熊

中文名：美洲黑熊

英文名：American black bear

别称：白灵熊、冰河熊

分布区域：阿拉斯加、加拿大、美国、墨西哥

　　美洲黑熊身躯庞大，四肢粗短。它们的体长达120～200厘米，公熊比母熊要长些。美洲黑熊有很多种体色。东北部的美洲黑熊体色偏深，以黑色为多；西北部的黑熊颜色偏浅，毛色有棕色、浅棕、金色；加拿大不列颠哥伦比亚省中岸的黑熊体色，甚至出现了奶白色，这种黑熊被称为"白灵熊"；阿拉斯加的美洲黑熊，其体毛则有的呈蓝灰色，因此，这种黑熊也被人称为"冰河熊"。

　　有的美洲黑熊前胸长有白色胸斑。它们的口鼻又长又宽，毛色稍浅。圆圆的耳朵非常小，长在头部较低的位置。美洲黑熊每只脚掌都长有5只尖利爪钩，这些爪钩不能收回，在撕碎食物、攀爬和挖掘方面能起到很大作用。当然，如果它们的前爪拍人一下，那将是很残忍的事情。因为，美洲黑熊前爪的拍击力量足以杀死一头成年鹿。美洲黑熊有极其灵敏的嗅觉，相比之下，它们的视觉和听力就显得逊色多了。

　　在北美，分布着大量美洲黑熊。它们生活的区域北起阿拉斯加，向东横穿加拿大，直至东海岸的纽芬兰—拉布拉多省；向南的区域经美国部分地区，到墨西哥的那亚里特和塔毛利帕斯州。美洲黑熊们在这些海拔900～3000米

的山区密林中，捕猎取食。

美洲黑熊食性较杂，以植物性食物为主。一般来说，美洲黑熊80%的食物是各种草类、果实、植物根茎、菌类、坚果等，其余10%的食物是昆虫，另外10%的食物则是人类丢弃的垃圾。那些居住在人类城市附近的美洲黑熊，主要以人类垃圾为食；靠近海岸或河边居住的美洲黑熊，则主要以鱼类、甲壳类生物为食；生活在加拿大北部的美洲黑熊，则会花不少时间捕捉旅鼠；而在阿拉斯加，丰富的鲑鱼和成群的鹿为那里的美洲黑熊提供了充足的食物。

随着季节的变化，美洲黑熊的食谱也在不断变化。春季，美洲黑熊以腐肉和植物性食物为主，有时也会捕捉些小野味以补充冬季消耗掉的脂肪。到了夏季，美洲黑熊除了以大量的浆果充饥外，还会再捉些啮齿类动物和其他小猎物以补充营养。进入秋季，美洲黑熊的食物很丰富，各种熟透的浆果、水果和坚果随处可见，它们可以尽情享用。到了晚秋早冬时分，它们就要加紧进食，因为隆冬季节，食物将会十分匮乏，而此时，它们就要为冬眠做好准备。

美洲黑熊善于爬树，这使它能够躲开棕熊、狼群或人类的追捕。尽管美

洲黑熊比较好斗，但它们会尽量避免无谓的争斗。在遇到敌害时，它们常使用视觉恫吓法吓退对方，如张牙舞爪地站立起来，朝对方呲牙咧嘴，做出攻击的样子。美洲黑熊的斗殴事件多发生在婚配季节。为了争夺"心上人"，公熊们不惜动用武力。另外，为了迫使那些养育幼崽的单身母熊早日进入发情期，公熊们会杀掉意中人的幼崽。为了保护孩子，母熊总是非常小心，它们巡视的领地也不会像公熊的那么大。如果不幸遇到危险的公熊，它们会拼全力抵抗，保护自己的孩子。尽管如此，在发生的幼崽死亡事件中，仍有70%是公熊所为。

美洲黑熊的领地性很强，它们的领地范围很大。母熊的领地范围有3～40平方千米，而公熊的则可达到20～100平方千米。由于公熊的领地范围远远大于母熊，因此，它的领地经常会和不同母熊的领地相交，但不会与同性的领地产生交叠。刚独立的年轻母熊刚开始几年可能会在母亲的领地内建立自己的领地。但那些雄性幼崽则会被熊妈妈远远赶开。

水果专家——蜜熊

中文名：蜜熊

英文名：Honey Bear

别称：卷尾猫熊

分布区域：墨西哥、中美、南美北部

　　从外表和生活习性上来说，蜜熊是最像犬浣熊的了，这两种动物有的时候甚至结伴出去搜寻食物。犬浣熊的食物种类非常广泛，有昆虫、小型哺乳动物、鸟类等，而蜜熊只吃甜食。尽管两者的食物不尽相同，但由于它们有太多的相似点，一些分类学家还是把它们列为一个单独的亚科。

　　蜜熊的尾巴能卷起来抓住树枝，它们常常用尾巴来保持平衡。尽管蜜熊的体重有2～3千克，它们仍能在夜晚的热带雨林中从一棵树的树冠灵巧地跳到另一棵树的树冠上。蜜熊还常常用尾巴倒吊在树上，然后用灵活的前爪来抓取食物。

　　蜜熊的尾巴是它们的一种安全保障。在夜晚，森林的地面上很危险，因为有许多活动在地面上的食肉动物，如美洲虎等，而蜜熊的尾巴特征保证了它们能在树冠上安全地活动，所以，它们很少成为其他食肉动物的"盘中餐"。对于夜晚活动的猫头鹰来说，由于蜜熊也同样在夜晚活动，因此不至于成为其猎物；对于新热带界的猛禽来说，蜜熊的体型则太大，不是合适的猎物。由于蜜熊很少成为其他食肉动物的猎物，很少有天敌，所以当专家们在地面上观察它们的时候，它们并不害怕人；同样，当夜晚月光比较亮而使它们

失去了黑暗的保护时，它们也跟平常一样活动。但从另一方面来说，蜜熊的繁殖率很低，每胎基本上只产1崽，一年也只产1胎，这就可以说明为什么蜜熊的天敌很少，它们还是不能保持一个很高的数量。

为避免食肉动物的捕食，也为了更容易地采摘水果，蜜熊总是待在树顶上。它们的食物中有90％是水果，10％是树叶和花蜜。生活在巴拿马的蜜熊根本不吃肉食，而有些地方的蜜熊也把昆虫作为一种重要的食物。蜜熊吃各种各样的水果，在巴拿马中部地区，它们吃的水果种类至少有78种，不过它们更喜欢吃新鲜和比较甜的水果。哺乳动物中，除了果蝠外，几乎没有比蜜熊更喜爱吃水果的了。在灵长目动物中，蜘蛛猴、黑猩猩、猩猩被认为是食水果的"专家"，但是这几种动物的食物中水果的比例很少超过70％，与蜜熊比就成了"外行"了。

由于被其他食肉动物吃掉的危险性比较低，蜜熊不必组织起来去共同对付敌人，因此，夜晚搜寻食物的时候，蜜熊像其他食肉目动物一样，一般都是单独行动。有统计显示，蜜熊80.4％的搜寻食物时间是单独度过的。但是它们仍然有社会组织，许多蜜熊会组成一个群体，成员间像灵长目动物一样定期地碰面。这种既独立寻食又有组织的生活，是为了减少对食物的竞争，因为在大片水果林里，为了食物而发生同类间的竞争是没有必要的。在水果林，由于都来寻食，许多蜜熊常常在树顶上碰面，这个时候就有35.3％的进食时间一起度过。

　　一般来说，在白天，蜜熊群体中的成员常常聚集在临近的巢穴中睡觉。这种巢穴可能是树洞或厚密而庞大的棕榈树丛，有的时候甚至有多达5只蜜熊挤在一起，躲在藏身之处。一旦蜜熊群体重新集结起来，就可以看到它们的各种社会行为了。它们可能组成小组互相梳理皮毛、共同搜寻食物，年幼的小蜜熊们可能在一块儿玩耍。平均来说，互相梳理皮毛的时间能持续6.4分钟，有时甚至延长到28分钟。尽管一个蜜熊群体中所有的成员都会分别组成小组互相梳理皮毛，但是成年雄性和将近成年的雄性组成小组的情况更为普遍。

　　蜜熊的一个社会群体通常包括一只生育后代的母蜜熊、它的不到1岁的幼崽以及1～3岁的年轻后代，通常还有两只成年雄性蜜熊。这些群体中的成年雄性之间通常有血缘关系，平常很友善，但是偶尔也会发生冲突，特别

是在交配季节，成年雄性成员之间更易发生冲突。蜜熊群体中，一般由一只成年雄性控制着那些短暂的冲突，并且通过保卫达到交配期的雌性而垄断了交配权。

成年蜜熊群体占有的领地一般为0.3～0.5平方千米，而且两个群体之间有严格的领地边界。蜜熊身上有一些独特的腺体，如下巴上、咽喉部、胸部上都有腺体，这些腺体分泌的液体能散发出某种气味，蜜熊就是用这些腺体的分泌液做领地标记。不在群体中生活的"单身母亲"常常生活在两个群体之间的边缘地带，生活区与雄性团体的领地有稍微的重合，但是绝不与雌性群体的领地重合。

至于为什么一个群体中要存在两只成年雄性，人们现在还不太清楚其原因，但是可能与占领和保卫领地有关。要保护住领地，要完全具有一只成年雌性，还要尽量占有与自己领地稍有重合的至少一位"单身母亲"，需要花很大的力气，如果一个群体中只有一只成年雄性就很难完成这些任务。因此，从这个方面来说，蜜熊的行为方式与某些食肉动物如猎豹和浣熊有些相似，它们都是雄性组成团体，然后占有独立行动的雌性。

从其他方面来说，蜜熊的社会行为与其他浣熊科动物很不相同，但与灵长目的某些动物却有相似之处。蜜熊的社会组织、社会生活"既分裂又融合"，雄性间组成群体，雌性间长大后分裂单过，这种社会行为与蜘蛛猴和黑猩猩有些相似。正因为蜜熊与某些灵长类动物有这样的相似之处，所以，我们可以比较容易地理解为什么有些早期的博物学家把蜜熊误认为某种猴子，也可以理解为什么现在还有些当地人把蜜熊称作"在夜间活动的猴子"。

熊中之王——棕熊

中文名：棕熊

英文名：Brown Bear

别称：马熊

分布区域：亚洲、欧洲、北美洲、非洲北部

棕熊是人们公认的最能代表熊科动物的熊。现在欧洲、亚洲和北美洲都有棕熊的身影，可以确定，棕熊是地球上分布最广泛的熊科动物。

现在棕熊基本上生活在北方，其生存地主要在俄罗斯、加拿大、美国阿拉斯加的一些地区。但是以前棕熊的栖息地范围更大，19世纪中期，北美洲南部的广大地区都有棕熊的身影；20世纪60年代，墨西哥中部地区还有棕熊；中世纪时期，欧洲大陆和地中海地区及英伦群岛到处都有棕熊的栖息地，但现在这些地区都没有棕熊了。历史上，由于棕熊的多样分化和广泛分布，使得现存的棕熊有232个种群及亚种，这其中包括现在生活在北美的灰熊(由于尾尖处为银灰色而得名，现在被许多人认为是一个独立的种)。

除俄罗斯外，亚洲的棕熊很零散地分布在喜马拉雅山区和青藏高原以及中东地区某些国家的山区里，在中国和蒙古国的戈壁沙漠地带也有少量的棕熊。在很多地方，棕熊和黑熊的栖息地都相互重合，不过棕熊会尽量与黑熊避开，或者二者在一天中于不同时段出现在共同的领地上。在许多岛上，则没有发现二者栖息地相重合的情况，尽管阿拉斯加外海的一些岛屿上有棕熊或黑熊，但是同一座岛上很少有二者共同存在的情形。在体型上，棕熊比黑

熊要大，因此，栖息地也比黑熊大。在大陆上，每头雄性棕熊的栖息地平均为200 ~ 2000平方千米，雌性棕熊平均为100 ~ 1000平方千米；每头雄性黑熊的栖息地平均为20 ~ 500平方千米，雌性黑熊为8 ~ 80平方千米。尽管有些岛上有棕熊，但是如果一个岛的面积过小的话是无法养活一头棕熊的，所以面积较小的岛上是没有棕熊的。

一些面积比较大的岛上有黑熊而没有棕熊，只有面积非常大的岛上才有棕熊。如日本最大的本州岛上曾经发现棕熊的化石。但是可能由于亚洲大陆的黑熊通过朝鲜陆桥到达本州岛后，把棕熊取代了，所以现在本州岛上已没有棕熊的身影了。不过在日本最北的大岛北海道岛上现在还有棕熊，却没有记录表明有过黑熊。

与所有北方地区的熊一样，棕熊也有一个显著的行为特性，那就是冬眠。所有熊类的最早的祖先都是犬科动物，进化成熊后，由于食物上更多地依赖于水果，因此它们就必须面对一个非常严重的问题，那就是冬季里食物会很缺乏。解决这个问题的一个办法就是像某些啮齿类动物和蝙蝠一样在冬天里睡大觉，也就是进行冬眠。冬眠的动物在冬季里体温会大幅降低，甚至常常会接近冰点，以此来大幅降低能量的消耗。进行冬眠的一些小型哺乳动物在冬眠期会定时地醒来，这个时候体温会上升，然后吃掉喝掉一些以前贮存的食物和水，以补充能量，并排泄废物。与这些小型哺乳动物相反，一些常食果实的北方地区的肉食动物，如浣熊和臭鼬，在冬天到来之前体毛会变多变厚，体内会贮存很多脂肪变得很胖，因此可以在相对隔离的洞穴中度过严酷的冬季，而且身体还能保持相对正常的温度。冬眠于洞穴里的棕熊，体温会稍微下降一些，从38℃下降到34℃，心跳和呼吸次数也会有一定程度的下降，而且在冬季棕熊还会表现出一些其他的独特特征。综合这些因素，棕熊完全可以被称作一种真正的冬眠动物。

智慧生灵——郊狼

中文名：郊狼
英文名：Prairie Wolf
别称：丛林狼
分布区域：北美

　　提起郊狼，恐怕很多人都难以将它与狼准确地区分开来，仅仅是简单地认为前者是后者的一种。其实，郊狼是狼的近亲，它广泛分布于北美洲大陆，外表看上去与狼很相似，但个头要小很多，一头成年郊狼体重一般不超过23千克，身长不超过120厘米。郊狼的群居习性也不如狼那么强，常常是一对郊狼夫妇带着它们的子女生活，捕猎时往往单独行动。

　　郊狼是有智慧的生物，它们甚至知道怎么占美洲獾的便宜。当美洲獾挖掘啮齿动物的巢穴并美美地享用自己的战利品时，郊狼则守在旁边，那些侥幸从美洲獾身边逃脱的小动物们转眼又成为郊狼的美味。而且，它们很少自己打洞做窝，而是抢占美洲獾的洞穴。

　　郊狼懂得如何适应环境，不断学习新的生存技巧。当北美洲的狼被大肆捕杀的时候，它们便向北边和东部迁移，如今在城市中也能发现它们的踪影了，因为，城市每天都会生产大量的生活垃圾，而它们可以从中获取足够的食物。面对川流不息的车辆，它们甚至学会在穿过公路的时候朝车来的方向看车，避免发生事故。原先，郊狼惯于在白天活动，而与人有了越来越多的接触后，它们便多半在晚上觅食。它们在各种能够找到食物的场所出没，不

可避免地打扰到人类的生活，因为它们会把小猫小狗当成自己的美餐，但郊狼并不会攻击人，也不十分惧怕人，只要有一片林地供它栖身，它便可以很自然地融入到人类的社区生活中，与人共舞。

郊狼与渡鸦都是与人有着较亲密接触的动物，在印第安人的传说中，也有它们都变成人的内容，它们有着共同的特点：狡诈、适应性强，为了生存，它们不断地让自己与周围环境更为契合。它们时时刻刻都在为自己的生命做着最大的努力。对于生命怀有坚定不移的信念和执著。

捕猎专家——胡狼

中文名：胡狼

英文名：Canis spp

别称：纹胁豺、黑背豺

分布区域：非洲北部、东部，欧洲南部，亚洲西部、中部和南部

　　胡狼出现的范围很广，只要有食物，就有可能出现胡狼。在现代，人们常常在许多非洲猎场公园里看到胡狼的踪影，它们是猎人的主要目标之一。同古代一样，胡狼现在还时常出现在人类居住区的附近。

　　胡狼身材修长，在犬科动物中体型中等，雌雄两性在体型大小上有一些差别。它们的腿很长，犬齿尖锐而且向后弯曲，非常适宜捕捉小型哺乳类、鸟类、爬行类等猎物。胡狼的牙齿进化得很完善，能够撕裂猎物粗糙坚韧的皮肤。所有种类的胡狼都是爪子僵直，不能自由伸缩，前肢的骨头融合在一起，使得它们与其他的犬科动物一样不能爬树，但是，胡狼却非常适宜奔跑。可以说，胡狼是奔跑的好手，即使在寻找食物和做领地占有标记等的时候，它们奔跑的最低速度也能达到12 ～ 16千米／小时。胡狼是夜行动物，在黎明和黄昏时候最活跃；如果某个地方人烟稀少或人对自然环境的影响比较小，胡狼也会在白天出来活动。

　　在非洲的很多国家公园里，人们经常可以看到这样的场景：在狮子和鬣狗吃剩丢弃的羚羊尸体边，围绕着一群胡狼，它们在争抢别"人"刚刚丢弃的食物。虽然人们经常看到胡狼吃腐肉，但腐肉在胡狼的食物中实际上只占很

小的比例。在很多地区，腐肉在胡狼食物里只占6%～10%。其实胡狼是捕猎的好手，从小型鸟类、小型哺乳动物到体型稍大一些的野兔、刚出生的小羚羊等，都是它们捕食的对象，它们偶尔也会吃昆虫和水果，并且在不同的季节里主要的食物也有很大的不同。

胡狼能灵巧地捕捉一些脊椎动物，同时也是捕捉啮齿动物的"专家"。它们的听觉极为灵敏，能够听出藏在草丛中的猎物的精确地点，然后用前腿突然跳起来扑向猎物，最后将猎物咬死。如果某个地区猎物的体型比较大，胡狼就会与配偶合作来共同捕猎。配偶中的一方负责追赶，另一方则负责包抄，以切断猎物的退路。当捕捉小瞪羚或跳兔的时候，胡狼合作捕猎成功的几率是单独行动时候的2～3倍。

雌雄一对胡狼结为"夫妻"组成的"家庭"是整个胡狼社会群体的基本单位。一对胡狼"夫妻"通常会共同保卫自己的领地，阻止另一对胡狼"夫妻"进入。它们一般会在显眼的地方设置一些标记，表示这块领地已经为它们所有。标记通常是留下的尿迹或者粪便。如果在领地上发现了不相关的其他胡狼，领地主人就会拼命地将其赶走，在繁殖季节，胡狼尤其会赶走入侵者。有时候，如果领地内的食物非常丰富，足以养活更多的成员，这对胡狼"夫妻"就不会马上赶走已经发育成熟而应该离开父母的年轻胡狼。这些已经长大的孩子会继续留在这个领地里1～2年时间，帮着父母照看刚刚出生的"弟弟妹妹"们，给它们喂食，保卫它们的安全。但是，1～2年过后，它们就要离开这个"地盘"，出去寻找自己的配偶，建立属于自己的领地。

在非洲，胡狼通常在地下的巢穴或废弃不用的白蚁巢中产崽。产崽的时间在不同的地区有所不同，但是通常都与食物最丰盛的时间重合，也就是在每年的雨季或雨季刚过不久的时节。喂养幼崽的时候，成年胡狼把食物先嚼碎吞下去，然后跑到窝里，"反刍"出来喂给幼崽。这种方法可以减少食物在传递过程中的损失。幼崽在出生14个星期后开始独立活动，9～10个月之后体型就能达到成年胡狼的水平，但是身上皮毛的一些特征到2岁的时候才能成型。

胡狼常常大声嚎叫。亚洲胡狼和黑背胡狼的叫声非常相似，都是高亢、颤抖的长嚎；侧纹胡狼与此不同，它们是一种低沉而沙哑的叫声。人们常常在

刚入夜的时候听到胡狼的齐声嚎叫，这是一个胡狼家庭在确认相互的位置或告诉邻近的家庭它们的存在。

胡狼组成的群体规模比较小，正因为这样使得它们比较幸运，能在靠近人类居住区的地方生存，并得以繁荣起来。由于食物范围很广，胡狼的分布区也很广泛。在南亚地区，有的时候胡狼会袭击人类喂养的未长成的小绵羊和小山羊。

胡狼的社会行为就是组成紧密的小"家庭"，保卫自己的领地，攻击侵入领地的动物。但是这种关系紧密的小团体有一个致命的缺陷，就是易于扩散狂犬病毒。一旦一个"家庭"成员感染了狂犬病，就会带到唾液中，如果一只胡狼咬伤了另一只胡狼，狂犬病毒就会进入被咬伤的胡狼身体中。在胡狼之间传播的狂犬病通常每隔1～8年就爆发一次，每次最长能持续9年的时间。在狂犬病流行期间，会有大量的胡狼被感染进而死亡。在南部非洲的中心地带，人们检测的胡狼中有大约1/4的个体携带着狂犬病毒。

百米冠军——猎豹

中文名：猎豹
英文名：Cheetah
别称：印度豹
分布区域：亚洲、非洲

猎豹是世界上短距离跑得最快的陆地动物，也是世界著名的珍稀动物。长到约3个月时，猎豹的体毛就会出现许多美丽的深色斑点。在猎豹的头、颈和背上，覆盖着蓝灰色的长毛。成年猎豹的毛粗糙而卷曲，背部为沙黄色，腹部为白色，上面布满许多黑色小斑，从眼角到嘴部有黑色的条纹。猎豹的腿长，后肢有力，有助于奔跑。猎豹有两个亚种，一个是非洲亚种，一个是亚洲亚种。猎豹主要分布非洲，曾生活在亚洲的印度，印度的猎豹也叫印度豹，但已灭绝。人们曾在北美的得克萨斯、内华达、怀俄明发现了生存在1万年以前的猎豹化石，这是目前世界上最古老的猎豹化石。那时候世界上是地球上最后一次冰期，所谓的冰期地球气候变冷，在地球的南北极两端覆盖着大面积的冰川，就称为冰期。在那个时期的亚洲、非洲、欧洲和北美洲，猎豹都有广泛的分布。冰期气候变化导致了许多动物死亡，生活在欧洲和北美洲的猎豹以及亚洲、非洲部分地区的猎豹都灭绝了。

在外形上，猎豹与其他猫科动物远亲不太相同。它们的头比较小，鼻子两边各长有一条明显的黑色条纹，从眼角处一直延伸到嘴边，就像两条泪痕，这两条黑纹有利于吸收阳光，开阔视野。它们的身材修长，四肢也很长，还有一条长尾巴。猎豹的毛发呈浅金色，上面点缀着黑色的实心圆形斑点，背上还长有一条像鬃毛一样的毛发（有些种类的猎豹背上的深色"鬃毛"相当明显，而身上的斑点比较大，像一条条短的条纹，这种猎豹被称为"王猎豹"。猎豹曾被认为是一个独立的亚种，但经研究发现，猎豹独特美丽的花纹只是基因突变的结果。猎豹的爪子有些像狗爪，因为它们不能像其他猫科动物一样把爪子完全收回肉垫里，而是只能收回一半。

猎豹个头很大，体长100～150厘米，尾长60～80厘米，肩高70～90厘米，成年猎豹体重可达50千克。雄猎豹的体型略微大于雌猎豹，猎豹背部的颜色呈淡黄色。它腹部的颜色比较浅，通常是白色的。

猎豹栖息于有丛林或疏林的干燥地区，平时独居。猎豹短距离的奔跑时速可达130千米左右，而在短短的2秒钟之内，它能轻易地将时速从1.61千米跃增到64.37千米。猎豹确实是当今世界上当之无愧的"短跑冠军"。

猎豹的喉部是一整块骨头，没有弹性韧带，因此不能吼叫，只能发出像小鸟一样的叫声。同时猎豹还会发出特别的声音进行联系。雌猎豹招引配偶时会发出像鸽子一样"咕咕"的叫声，呼唤孩子时则发出像小鸟一样"叽叽喳喳"的叫声。

猎豹具有超速奔跑的能力，这完全得益于它们特殊的身体结构：典型的流线型体型、有力的心脏、特大的肺部、粗壮的动脉、细长有力的四肢、能稳固紧抓地面的脚爪、可平衡身体的又长又壮的尾巴以及具有像桥拱一样弯曲度和强度的脊椎。

猎豹常常在早晨或黄昏单独捕食。它们先是紧紧跟踪猎物，然后高速追赶，最后快速冲刺，扑倒猎物。等到捕到猎物后，它们就会在猎物身旁休息一会儿再进食。而此时，当地的狮子、鬣狗等会趁机从它们身边掠夺食物。猎豹的猎物主要是中小型有蹄类动物，包括汤姆森瞪羚、葛氏瞪羚、黑斑羚、小角马等。猎豹在进化的过程中，渐渐身材修长，腰部很细，爪子也无法像其他猫科动物那样随意伸缩，在力量方面也不及其他大型猎食动物，因此猎豹无法与其他大型猎食动物如狮子、鬣狗等进行对抗。虽然它们捕猎的成功率能达到50%以上，但辛苦捕来的猎物往往会被更强的掠食者抢走，因此，猎豹会加快进食速度，或者把食物带到树上。非洲的马塞族人对猎豹也不太友善。马塞族是游牧民族，他们不会随意猎杀野生动物，因为他们认为只有自己放养的牲口才适宜食用，但他们会用手中的长矛抢走猎豹的猎物用来喂狗，这样便可省下喂狗的食物。可怜的猎豹只能重新捕猎，但高速的追猎带来的严重后果是能量的高度损耗，如果一只猎豹连续追猎5次都没有成功或猎物被抢走，它们就有被饿死的可能，因为它再也没有力气捕猎了。幼豹的成活率很低，2/3的幼豹在1岁前就被狮子、鬣狗等咬死或因食物不足而饿死。

美丽新娘——红狼

中文名：红狼

英文名：Red Wolf

别称：北美红狼

分布区域：北卡罗来纳州

红狼是一种犬科动物。红狼的祖先是灰狼和郊狼的杂交种。由于红狼数目稀少，它常找不到同类繁殖，只好与北美大草原的灰狼交配，因此，纯种红狼的数量急剧下降。1980年，红狼在野外灭绝，1989年，美国鱼类和野生动物局把经过驯养的狼引入北卡罗来纳州，进行野外放养。此外，美国还有170多头红狼被圈养。

红狼体长达95～120厘米，尾长25～35毫米，体重达20～35千克。红狼与灰狼相比，体型较瘦小；与土狼相比，头很长，并且它们还长有健壮的腿和大耳朵。红狼的毛粗短，上体主要是肉桂红色和黄褐色、灰色或黑色组成的混合色彩，背部则呈黑色，吻和四肢呈黄褐色，尾巴尖呈黑色，红狼的眼睛很亮。在冬季，红狼的毛以红色为主。每年夏季，红狼都会换毛。大多数红狼能活4年，也有个别红狼的寿命长达14年。

红狼与同类之间是通过触觉、听觉、身体语言、信息素和发声进行沟通的，这些对红狼交流社会和生殖状态及心情，都有较大的帮助。

红狼常常通过气味划定自己的势力范围。红狼的领地为16～160平方千米，这也是它的狩猎范围。红狼通常在一个特定区域狩猎7～10天，然后就

会换到新的区域和范围狩猎。红狼主要在黄昏或黎明活动，以松鸡、浣熊、兔子、野兔、老鼠、腐肉和家畜中的动物为食。红狼能够捕食大量老鼠，能够控制老鼠的繁殖数量。鳄鱼、猛禽、美洲狮等大型动物是红狼的天敌。

红狼主要是以家庭为单位，形成一定的活动和势力范围。在红狼的群落中，通常由一对交配并生育幼崽，它们生活十分和谐，红狼的叫声的频率和强度在土狼和灰狼之间。

红狼在自己的活动区域内建造洞穴，或占用其他动物使用过的洞穴。这些洞穴通常在植被茂密环境中的空心树干、沙地和河岸上。春季1～3月，是红狼的繁殖季节。红狼的孕期一般为60～63天，平均每胎产幼仔3～6只，最多可达12只。经过15～20个月，幼仔可达到性成熟。红狼属于社会性动物，每个群落都有自己固定的领土。一个群落只有一对能够繁殖的红狼。产出的小狼由其他群落成员帮助共同抚养。

亚洲赤犬——豺

中文名：豺

英文名：Dhole

别称：赤狗、马狼、彪狗、神狗、马彪、马将

分布区域：东亚、东南亚、南亚、中亚

豺在各个地区的分布密度很稀疏，数量远没有狐、狼那样多。豺的生活环境十分复杂，无论是在热带森林、丛林、丘陵、山地，还是在亚高山林地、高山草甸、高山裸岩等地带，都能发现豺的踪迹。豺性喜群居，多由较为强壮而狡猾的"头领"带领一个或几个家族临时聚集而成，但也能见到单独活

动的个体。

人们常说豺狼虎豹，豺的位置排在最前，可见其凶猛程度。它们极少单独行动，在印度，曾经发生过孟加拉虎与豺群争夺食物的事件，虽然孟加拉虎能够以一敌十，但架不住大群豺的围攻，结果只能被豺活活咬死。还有一种豺叫黑背豺，其最大的特征便是背上的一片黑毛。黑背豺是所有的豺中体格最小的一种，但它的实力不容小觑，黑背豺是同样具有强大杀伤力的动物，它们群体行动时，连狮子也不敢轻易招惹它们。黑背豺总是守在大型食肉动物如狮子、猎豹的身边，等后者费尽千辛万苦捕到猎物后才集体出现，坐享渔翁之利。

豺也会亲自狩猎，整个家族一起出动，将猎物团团围住，专攻对方的脆弱部位如肛门、眼睛、嘴唇等处，群体成员分工合作，配合十分默契，很快就能捕食到猎物。除了新鲜的食物，腐肉也是豺的食谱中重要的内容。食用尸体的习惯使得黑背豺被认为是死神的象征，因此它甚至能够得到人们贡献的祭品。

在非洲大草原上，豺和兀鹰是一对冤家对头。兀鹰的食腐特性比豺来得更彻底，腐肉绝对是它们的主食。因此，当兀鹰与豺在尸体旁相遇的时候，自然会有一场争端。通常，兀鹰扑扇着双翅，居高临下，死死盯住黑背豺，坚硬的喙似乎随时会在对手的头上狠狠啄上一记。黑背豺虽然不具备体型和方位的优势，但也不甘示弱，紧紧夹住尾巴，弓起背，准备一跃而起咬住兀鹰的脖子。这两种动物为了争夺腐肉，各自严阵以待，无论哪一方，只要能够得到可靠的援军，形势必将发生逆转，获胜者自然会得到垂涎已久的腐肉。

豺的群体性不仅体现在觅食上，在家庭生活中，成员之间的关系也很密切。它们奉行"一夫一妻"制，每年生下的孩子中有1/3会在家里停留到下一个繁殖季节另一窝幼豺出生，帮助父母照顾自己的弟弟妹妹。当母豺出门时，留守的豺便主动当起保姆，保护幼豺的安全，并与它们一同嬉闹，教给它们生存的技巧。不同的豺群之间也会进行合作，共同击退强大的对手，因此，它们的生存能力较之狮、虎之类的猛兽要更强一些。

森林巨无霸——黑猩猩

中文名：黑猩猩

英文名：Chimpanzee

分布区域：非洲中部和几内亚

目前，大部分的科学团体都认为黑猩猩和倭黑猩猩是我们人类现存最近的"亲戚"。遗传学证据显示，我们和它们最近的一个共同祖先出现在大约600万年前，比现代大猩猩的分化时间要稍晚一些。

倭黑猩猩是在大约150万年前脱离黑猩猩的，当时可能有一些黑猩猩的祖先穿过了刚果河，来到了河的南岸并被隔离在此。倭黑猩猩仅仅生活在低地的热带雨林，包括那些位于非洲西南部大草原边缘的森林，在现今的刚果(金)境内。黑猩猩也是雨林栖居者，但是它们的分布则更广，其中还包括山地森林、季节性干燥森林和热带大草原的一些林地，在这些地区，它们的种群密度非常低。

随着时间的推移，已识别的黑猩猩的种类和亚种数量有了很大的变化。人们以前一致认为黑猩猩只有1个单独的种，包括3个亚种，但现在黑猩猩的分类法又有了新的变化。由于黑猩猩在进化上和我们很接近，而且它们的行为与我们的行为有着惊人的相似，因此它们被当做最好的例子来与早期人的进化对比，并用来解释我们行为的生物学根源。然而，最近对倭黑猩猩的研究表明，黑猩猩和倭黑猩猩两者也存在着重要的差别，因此它们之间的互相比较也是需要重视的。

　　两个种类的黑猩猩都具有很好地适应树栖生活的身体。它们的手臂要比腿长得多，手指也比人类的长，而且肩关节高度灵活。再加上骨骼和肌肉组织等其他方面的特征，黑猩猩能够依靠手臂挂在树枝上面，而且也很擅长攀爬树干和藤蔓植物。当然，两种黑猩猩都在树上进食，而且晚上都是在树上的巢中睡觉——这些巢是通过折断和折叠树枝建造而成的。它们都能在地面行走，行走的方式和大猩猩一样，都是四足并用并以"指关节着地"的方式走路。它们的身体有很多适应这种行动方式的特征，比如在前臂的桡骨和腕骨的结合处有一块脊，在指关节承受身体重量的时候能够防止手腕弯曲。

　　倭黑猩猩也被称为"小黑猩猩"，它们的身体比黑猩猩瘦长，头骨也有些不同，体重在两种黑猩猩的所有亚种中是最小的。黑猩猩和倭黑猩猩都能够直立，它们经常以这种姿势攀爬或摘取食物，但与我们的双足行走相比，还是很笨拙的。

　　黑猩猩和倭黑猩猩的大脑容量约有300～400毫升，其绝对大小和与体重相比的相对大小都是很大的。它们在实验室背景下解决问题的能力十分出色，而且在经过强化训练或给予大量学习机会的情况下，它们能够进行一定的符号交流。在野外，它们会使用各种各样的声音和视觉信号进行交流。两种黑猩猩都十分擅长预测和操纵"他人"的行为。

雄性黑猩猩和倭黑猩猩比雌性大10％～20％左右，而且也强壮许多，它们作为武器的犬齿也更大。除此之外，雄性和雌性在身体比例方面都比较相似。

从青春期开始，雌性生殖器附近的皮肤就开始周期性地发胀。刚开始时间隔很不规律，一次会持续许多周，但是成年以后，雌性的月经周期开始变得规律。黑猩猩的月经周期大约是35天，倭黑猩猩40天左右，而肿胀发生在该周期的中间，一般持续12～20天。发胀的雌性处于发情期，它们不仅对雄性发起的行动感兴趣，还会主动靠近雄性并发起性活动。在野外，雌性在13岁左右生下第一个幼崽。幼崽发育很慢，一般到4岁时才断奶，如果幼崽存活，那么两胎之间的平均间隔为5～6年。与其他灵长类动物相比，雄性黑猩猩的睾丸相对于身体来说十分大，能够频繁地和雌性交配。雄性在16岁左右达到成年体型，不过在此之前它们就已具备了生殖力。

黑猩猩和倭黑猩猩一般从黎明活动到黄昏，在它们的赤道栖息地则差不多有12～13个小时，而其中有一半的时间都在进食。两种黑猩猩都主要吃果实，辅以树叶、种子、花、木髓、树皮和植物其他部位。黑猩猩一天能吃20种植物，一年吃过的植物差不多有300种。它们栖息地的食物产出在一年中变化很大，在某些时期，它们几乎只吃一种数量丰富的果实。它们常年都能吃树叶，但只是在果实数量不多的时候才更多地吃树叶和其他非果实的食物。倭黑猩猩似乎比黑猩猩更多地依靠植物的茎和木髓，而且它们的栖息地能够更加持续地提供水果。这些差异对它们的社会生活产生了重要的影响。

黑猩猩和倭黑猩猩也吃动物性食物，包括像白蚁这样的昆虫和多种脊椎动物的肉。黑猩猩比倭黑猩猩更常捕猎，它们捕杀很多种猎物，包括猴类、野猪、林栖羚羊和各种各样的小型哺乳动物。猴类是它们最常见的猎物，而生活在黑猩猩附近的红绿疣猴则是其主要的猎物。黑猩猩大部分情况下是群

体捕猎，而且雄性比雌性捕猎的次数多。倭黑猩猩捕食最多的是小型羚羊，还没有关于它们捕食猴类的记载，而且它们大多是机会主义的单独猎手，不会群体捕猎。

黑猩猩各个群体的捕猎成功率是不同的，其中有很多原因。在树木高耸的原始森林捕捉猴类要比在树冠低而不连续的森林困难得多，因此在两种森林都有的地区，黑猩猩更愿意在树冠不连续的森林捕猎。猎手的数量与合作的程度也会影响捕猎结果，如果有更多的雄性参与，而且它们相互合作的话，捕猎行动则更有可能成功。对于捕猎红绿疣猴的行动来说，不同栖息地的成功率在50%～80%之间，这与大多数食肉目动物相比是一个相当高的值了。

随着时间的推移，捕猎的频率也会变化。至少在某些栖息地，果实丰富的时候它们会更频繁地捕猎，雄性通常组成大型的团体，而且可能会行走数千米去寻找红绿疣猴等猎物。

在大部分情况下，黑猩猩都是各吃各的，但吃肉时却明显不同。有时，雄性黑猩猩在捕获猎物之后会立刻为猎物而打架，地位高的雄性有时还会从"下属"那里"偷"肉，不过在一般情况下它们都会分享肉食。大部分的分享行为都表现为占有者允许其他黑猩猩获得部分猎物，有时占有者也会主动将肉分给别的黑猩猩。黑猩猩中的肉食占有者通常是雄性，而且同它们共享的伙伴主要也是雄性，特别是它们的盟友和主要的梳毛伙伴。

雌性一般能够从雄性那里取得一些肉，发情期的雌性比其他雌性成功率更高，但是雌性用性交换肉的说法并没有得到证实。雄性有时会在分享肉食的时候与雌性交配，但是发情期雌性的出现并不总会促使雄性去打猎，而且肉食分享行为对雄性是否能交配成功只有很小的影响。倭黑猩猩通常由雌性占有相对较多的肉食，而且它们也经常控制着数量巨大的果实。与黑猩猩相比，倭黑猩猩中的食物共享行为大多发生在雌性之间。

印度珍宝——孟加拉虎

中文名：孟加拉虎
英文名：Bengal Tiger
别称：印度虎
分布区域：孟加拉、印度

　　孟加拉虎也叫印度虎，是虎类中数量最多、分布最广的亚种，它统治着南亚次大陆的大片土地，在东南亚的许多地区及中国西南也有它们的踪迹。

　　雄性孟加拉虎体长可达300厘米，棕黄色的皮毛上布有黑色的斑纹，但其额头上的纹路并没有形成一个像样的"王"字。一些孟加拉虎还会由于基因突变而变成白色，野生的白色孟加拉虎十分罕见。它们对栖息地的环境并不挑剔，从高寒的喜玛拉雅针叶林到沿海红树林，都有孟加拉虎活动，划分自己的领地。孟加拉虎对于领地范围的要求也不相同，大至上百平方千米，小的仅需要十几平方千米，这是根据猎物的丰富程度、领地地形等多方面因素决定的。一般来说，雄性孟加拉虎的领地要大得多。大型的有蹄动物，如鹿、野牛等，常会成为孟加拉虎的口中之物。孟加拉虎偶尔还会袭击犀牛和小象。它尖利的爪子平时缩入皮肤的褶皱，避免行走时被磨钝，在捕猎时才会伸出来，深深嵌入猎物体内，使猎物受到重创。此外，它敏锐的听觉在狩猎的时候有很大的作用。

　　孟加拉虎的食量大得惊人。一只处于饥饿状态的孟加拉虎一顿能吃20多千克的肉，经过饱餐后接下来的几天，孟加拉虎都不用再吃东西了。

　　孟加拉虎从出生到发育成熟，需要3～4年的时间，雌性比雄性早半年，其发育成熟时间的长短与成长过程中的营养状况密切相关，因为它决定着老虎体内激素的产生和释放。

　　孟加拉虎在自然界中过着独身生活，只有在交配期和哺乳期，它们才会成双成对地出现。雌虎喜欢在茂密的灌丛，或者是密林中无人能至的古代建筑的废墟中安家。雌性孟加拉虎一胎可以产2~3只幼虎，其中大约一半会在成长的路上夭折。

　　雌性孟加拉虎会尽心抚养自己的孩子，雄虎偶尔也会承担做父亲的责任。雄性孟加拉虎对自己的妻儿非常爱护，在猎取到食物后，它会以吼声召唤妻儿一同分享。但是，如果雄虎发现自己的地盘上出现了并非自己亲生的小孟加拉虎，它会很残忍地将小虎杀掉，这种"杀婴"行为在许多动物中都很常见，甚至在远古时期的人类也会有类似的举动。也许，这是保证自己的后代血统纯正，自己的血脉得以延续的方式。

森林"导航仪"——蝙蝠

中文名：蝙蝠

别称：天鼠、挂鼠、天蝠、老鼠皮翼、飞鼠

分布区域：全世界

　　蝙蝠是很特别的生物。它们是"模范母亲"，有些种类会养育其他个体的后代。它们能够在完全黑暗的空间里以高达50千米／小时的速度飞行，这要归功于它们复杂的定位系统。动物界里少数几个有说服力的利他主义行为之一便是由蝙蝠上演的。蝙蝠有特化的生殖适应性，包括精子的储存、延迟受精和延迟着床。它们是变温动物，体温可以从飞行时的41℃变化到休眠时的2℃以

下。它们能够形成2000万只的大群体，是脊椎动物里已知最大的群体。它们奇妙的多样性和特性一直在激励着世界范围内关于它们的保护项目的施行。

尽管如此，蝙蝠很少出现在人们最喜爱的10种动物的名单里。或许它们缺乏公众魅力的原因是它们的特点，但同时又是这些特点让它们那么独特与吸引人。蝙蝠占据了现存的所有哺乳动物种类总数的25%。房屋、洞穴、矿井和多叶的树木都给它们提供了栖息的场所，有些种类会用植物的部位来做它们的"帐篷"。

蝙蝠大多数是夜行性动物，小型蝙蝠在夜晚飞行可以避开掠食者，大型蝙蝠也是这样，同时也是为了避开白天的过热温度。它们遍布世界各地，除了最高的山脉和某些孤立的大洋洲岛屿之外。人们发现有些种类甚至能在北极圈以北的地区繁殖；在某些岛屿例如亚速尔群岛、夏威夷群岛、新西兰岛等，它们是唯一的本地哺乳动物。飞行能力和回声定位对它们的多样性和广泛分布有特别的贡献，这些能力让它们能有效地攫取食物资源并甩开其他的竞争者，因为它们的食物主要是飞行在夜空中的昆虫。

像其他哺乳动物一样，蝙蝠有异型(复杂)的牙齿，包括门齿、犬齿、前臼齿、臼齿。小型食虫类蝙蝠可能有38颗牙齿，然而吸血蝙蝠只有29颗，因为它们不需要咀嚼。在小型食虫类蝙蝠里，那些进食硬质猎物的种类与那些吃软体昆虫的蝙蝠相比，倾向于有大一些的牙齿，但是数量要少一些，并有更多强壮的下颌牙齿和更长的犬齿。吸食花蜜的小型蝙蝠有很长的吻、大的犬齿、很小的门齿，而以水果为食的小型蝙蝠的门齿很多，修整过的尖端能像杵和臼一样磨碎果实。

蝙蝠是唯一能飞行的哺乳动物。尽管飞行从单位时间消耗的能量来讲是巨大的，但是从单位距离消耗的能量来考虑是很低的，因而蝙蝠可以飞行相当长的距离，能在相当广泛的空间里寻找食物，这样它们就能涉猎和探索世界上很远的地方。

一些哺乳动物的臂骨和指骨进化成了许多不同类型的工具，但是没有一种像蝙蝠双翼那样特殊。蝙蝠的拇指是自由的，而第五指却跨越了整个翅膀的宽度。其余3指支持拇指和第5指之间的翅膀面积，这部分翅膀被称为翅尾膜或"指翅"。它们的上臂骨(肱骨)比主前臂骨(桡骨)短，这些骨骼支撑起来的翅膀部分被称为体侧膜，或"上臂翅"。在飞行中，上臂翅受力是最大的。

很多种类的小型蝙蝠还有尾膜。这个特征在狐蝠属种类中是缺失的，在鼠尾蝙蝠身上是弱化的，在某些种类例如裂颜蝙蝠身上最明显。尾膜被用来从地面上"舀起"猎物。能够捕鱼的蝙蝠和诸如道氏鼠耳蝠等能从水面附近捕捉昆虫的种类，经常用它们足部的爪来抓取猎物。

蝙蝠的腿向外向后伸展，膝盖弯向后方，而不是像其他哺乳动物一样弯向前方。腿适于拖拽而不是推，小腿是由单一骨骼即胫骨构成的。静息的蝙蝠将它们所有的重量悬挂在脚趾和发达的爪上。大多数蝙蝠都有一个肌腱锁死的机置，能防止悬挂时爪的变形，同时又不需要肌肉收缩。倒挂的姿势可以让蝙蝠从休息状态快速起飞。

一些种类诸如普通吸血蝠和髭蝠能够用四肢爬行，这样的动作菊头蝙蝠和其他种类的蝙蝠都无法完成。普通吸血蝠经常从地面上接近猎物，而髭蝠是在缺乏其他小型陆生哺乳动物和几乎没有掠食者的情况下进化的，因而会比其他的种类填充更多的小型生境。

蝙蝠的振翅主要用来产生推动力，而升力的大部分来自于翼手。人们将飞行的蝙蝠的身后气流进行可视化研究后发现，向下的振翅在各种速度下总能产生升力，然而只有在高速飞行或要改变飞行节奏时，向上的振翅才活跃起来。

翼型会大大影响蝙蝠的飞行

表现。两个空气动力学参数翼载荷和翼的纵横比尤其重要。翼载荷描述体重与翼面积的比例，一个比较高的翼载荷也即在给定的重量下翼的面积小，意味着能够高速飞行但是缺乏灵活性。翼的纵横比通过翼展除以翼的宽度得到，一个具高纵横比的翼是长而窄的，空气阻力比较小，因而高纵横比的翼是高效的，通常和高的翼载荷和高速飞行联系在一起。

翼的形状能帮助我们判断不同的种类能够在什么地方生存。那些在充满障碍物的栖息地生存的种类，比如在树林里飞行的种类需要灵活性，因而有低的翼载荷。然而诸如夜蝠和毛尾蝠属蝙蝠等那些生存在开阔空间的种类就需要使飞行高速而有效，因而它们有高的翼纵横比且具有高翼载荷。正在捕猎的小到中型蝙蝠的飞行速度为3～15米/秒不等，有最高翼载荷的种类飞得最快。迁徙的种类一般也有很高的翼纵横比，例如美洲皱唇蝠可以迁徙超过1000千米，从美国南部到墨西哥越冬。相比之下，一些吸食花蜜的蝙蝠的翼载荷就很低，以至于它们可以盘旋或者飘浮在空中。

蝙蝠并非瞎子，大蝙蝠亚目的蝙蝠能用它们的大眼睛定位食物并确定自己的方向，当光线暗时狐蝠比人看得还要清楚。有一些种类的小型蝙蝠视力也很好，例如加州大叶口蝠在光线充足情况下会灵活地关闭回声定位系统，用视觉定位猎物。然而大多数的小型蝙蝠视力都不好，而且它们回声定位的范围通常比小型哺乳动物的视力范围还要小———一只中等大小的蝙蝠只能够探测到5米处的一只甲虫，大一点的地理标记可以在更远一点的距离探测到，大约是20米。因而蝙蝠在白天时很容易被捕捉到，这就可以解释为什么使用回声定位的蝙蝠都是夜行的。

蝙蝠还没有丢失对大多数哺乳动物来讲很重要的嗅觉。美洲的叶口蝠首先使用嗅觉来定位成熟的辣椒果实，只有在近距离时才使用回声定位；大鼠耳蝠和髭蝠可以嗅出藏在落叶堆中的猎物。嗅觉也在相互交流中使用，例如高音油蝠在它们的雌性栖息点使用嗅觉能够将陌生者同其他蝙蝠区分出来；雌性美洲皱唇蝠有时使用嗅觉在"托儿所"里确定自己的幼崽。

"伪装"高手——火狐

中文名：火狐

英文名：Vulpes vulpes

别称：红狐、赤狐

分布区域：欧亚大陆、北美洲大陆

　　火狐广泛分布在欧亚大陆和北美洲大陆，又被称为红狐、赤狐等，它体型细长，嘴巴很尖，耳朵大，四肢短，尾巴又大又长，曾被引入澳大利亚等地。它的体长为50～90厘米，尾长30～60厘米，体重5～10千克，最大的超过15千克，雌火狐体型比雄火狐略小。它的身体背部的毛色多种多样，但

典型的毛色是赤褐色，不过也稍有差异，赤色毛较多的，俗称为火狐。火狐头部为灰棕色，耳朵的背面呈黑色或黑棕色，唇部、下颏到前胸部为暗白色，体侧略带黄色，腹部为白色或黄色，四肢的颜色比背部略深，外侧具有宽窄不等的黑褐色纹，尾毛蓬松，尾尖为白色。

火狐生活在森林、灌丛、草原、荒漠、丘陵、山地、苔原等多种环境中，有时城市近郊也是它的生活场所。它喜欢在土穴、树洞或岩石缝中居住，有时也占据兔、獾等动物的巢穴，冬季洞口有水气冒出，并有明显的结霜，以及散乱的足迹、尿迹和粪便等，夏季洞口周围有挖出的新土，上面有明显的足迹，还有非常浓烈的狐臊气味。但它的住处常不固定，而且除了繁殖期和育仔期间外，一般都是独自生活。火狐通常在夜里出来活动，白天则隐蔽在洞中睡觉，它长长的尾巴具有防潮、保暖的作用，但在荒僻的地方，有时白天也会出来寻找食物。它的腿脚虽然较短，爪子却很锐利，跑得也很快，追击猎物时速度可达每小时50多千米，而且善于游泳和爬树。

火狐是杂食性动物，家鼠、田鼠、黄鼠、袋地鼠、金花鼠等在内的各种野鼠和野兔都是它的主要食物，而鸟、鸟蛋、蛙、鱼、昆虫以及草莓、橡子、葡萄等野果或浆果也是它爱吃的食物。如果食物一时吃不完，火狐就会精心选择一个隐蔽的地方，将食物小心翼翼地埋藏起来，再经过一番伪装，消除各种痕迹后才会离开。

火狐生性非常狡猾，记忆力很强，听觉、嗅觉也很发达，行动敏捷且耐久力强。火狐不像其他犬科动物以追捕的方式来获取食物，而是想尽各种办法，用智慧捕食猎物。它经常会在植物茂盛且野鼠、野兔活动频繁的地带出现，根据气味、足迹和叫声等来寻找猎物的踪迹，然后机警地、不动声色地接近猎物，甚至将身子完全趴在地上匍匐前进，以免惊吓到猎物。捕猎时，火狐会钻入洞穴之中或者岩石、树木之下，并蹲伏下来，做好伺机而动的准备，然后先轻步向前，紧接着加快脚步，最后变成疾跑，突然出击抓捕猎物；有时还会假装痛苦或追着自己的尾巴来引起穴鼠等小动物的注意，等它们靠近后，再突然上前捕捉。

　　每年的12月到次年的2月，是火狐的发情、交配期，生活在北方地区的火狐要推迟1～2个月繁殖，此时雄火狐之间会为了争偶发生激烈的争斗。火狐在求偶期间，雄火狐和雌火狐能够通过尿液中散发出的类似麝香的气味互相吸引，受到雌火狐引诱的雄火狐会发出古怪而又可怕的尖叫声，进行一种复杂的求婚方式。雄火狐不仅参与抚育后代，而且在雌火狐产仔之前便开始修整洞穴备用、外出帮助觅食等。雌火狐的怀孕期约为2～3个月，于3～4月间在土穴或树洞里产仔，每胎产5～6只仔，最多可产13仔，幼仔出生的时候，雄火狐总是会陪伴在雌火狐的旁边。初生的火狐幼仔皮毛又黑又短，软弱无力，体重60～90克，火狐幼仔出生14～18天后才睁开眼睛，整个哺乳期约为45天。幼仔喜欢在洞口晒太阳，生长的速度很快，1个月左右体重就达到1千克，可以出洞活动，雄火狐此时更加忙碌，不仅要给雌火狐而且也要给长得很快的幼仔提供食物，如果这时雌火狐不幸死亡，雄火狐就要独自承担起养育后代的任务。半年以后，长大的幼仔就会离开雌火狐，开始独立生活，9～10个月达到性成熟，火狐的寿命一般为12～14年左右。

巧舌如簧——食蚁兽

中文名：食蚁兽
英文名：Myrmecophaga tridactyla
分布区域：中美、南美

食蚁兽，顾名思义，就是专吃蚁类的兽。食蚁兽的嘴又尖又细，就像一根空心的管子，里面一颗牙齿也没有，只长有一条细长的舌头，伸出来足有30厘米长。这样的嘴巴怎么能吃东西呢？原来，食蚁兽的鼻子很灵敏，当它嗅出蚁巢的气味以后，便用自己尖硬锋利、如同镰刀一样的利爪把蚁窝挖开。这时，受惊吓的白蚁便慌成一团，食蚁兽便伸出它那条分泌有黏液的长舌头，不慌不忙地将那些白蚁像舔芝麻似的，一只只舔在舌头上，然后舌头往回一缩，白蚁就被囫囵吞进了肚子里。就这样，食蚁兽就凭它那伸缩自如的长舌头，一会儿就能捕到大量的白蚁，填饱自己的肚子。

在热带森林里，不但有大量的白蚁危害树木，还有一种十分凶恶的食肉游蚁。这种游蚁常常成群结队地穿越丛林，任何动物遇见它们，不一会儿就会被吃得只剩下一堆白骨。食蚁兽是它们的死对头，它专爱吃这些蚁类，消灭这些危害丛林和动物的害虫。

中美、南美以及阿根廷的热带森林，是食蚁兽的栖息地。食蚁兽是哺乳动物，它在捕食蚂蚁和白蚁方面非常熟练。食蚁兽结构上独有的特征，是与其捕食昆虫的一系列活动相联系的。头骨长而大致呈圆筒状，颧骨完全，长的鼻吻部有复杂的鼻甲。齿骨细长，无齿。蠕虫状的长舌能灵活伸缩，舌富

有由唾液腺分泌的唾液和腮腺分泌物的混合黏液，用于黏取众多的蚁类。这些发达的腺体位于颈部。前肢有力，第三趾粗大，长着强而弯曲的爪，其余各趾缩小。地栖的大食蚁兽善于靠指关节及弯曲的趾行走，而小食蚁兽，即二趾食蚁兽和环颈食蚁兽完全或部分过着树栖生活，步行时，前肢靠带弯爪的内向趾背着地。食蚁兽体型大小相差悬殊，小食蚁兽大似松鼠，不过350克，而大食蚁兽重达25千克。大食蚁兽全身有长而粗的毛，毛色呈棕褐色，尾部肥大且长有下垂的长毛，而其他树栖种类身上和尾部的毛则很短，尾巴具有抓挠能力。

　　食蚁兽共有3种：大食蚁兽体大如猪，它的尾巴特别大，每当下雨天和大热天，可以竖起来避雨遮阳，晚上还可以当被子盖在身上；小食蚁兽像狗那么大，尾巴细长可以缠绕，如果是遇到什么危险，它便用尾巴把身体支起，上半身挺起，前足张开，做出一副十分滑稽的样子来恐吓入侵者；二趾食蚁兽的体型最小，大的不过半尺，它长年栖息在树上。由于食蚁兽的相貌、食性很奇特，当地的土著居民常把它当做神灵来供奉。

林中之霸——猞猁

中文名：猞猁

别称：林曳、猞猁狲、马猞猁、山猫、野狸子

分布区域：中国东北、西北、华北及西南，北欧，中欧，东欧以及西伯利亚西部

    猞猁是分布得最北的一种猫科动物，属于北温带寒冷地区的动物。猞猁貌似家猫，但比家猫大，体重18～32千克，体长90～130厘米。身体粗壮，四肢较长，尾极短粗，尾尖呈钝圆。两耳的尖端着生耸立的笔毛，很像戏台上武将"冠"上的翎子，两颊有下垂的长毛，腹毛也很长。耳壳和笔毛能够随时迎向声源方向运动，有收集音波的作用，如果失去笔毛就会影响它的听力。

    猞猁有着恒定的色调。如上唇暗褐色或黑色，下唇灰白色至暗褐色，在它的颈两侧，各有一块褐黑色斑，尾端一般为纯黑色或褐色，四肢前面、外侧都有斑纹，胸、腹为灰白色或乳白色。前肢短后肢长，短短的尾巴和它的个子很不相称。它们背部的毛发最厚，有灰黄、红棕、土黄褐、灰草黄、浅灰褐及赤黄等颜色，身上或深或浅点缀着深色斑点或者小条纹。

    北部的猞猁毛色与南方猞猁相比，颜色偏灰，斑点也很少。斯堪的纳维亚半岛的人们把长有斑点的猞猁称为"猫猞猁"，而那些没有长斑点的则被称为"狼猞猁"。一般来说，夏天时，猞猁身上的斑点最清晰，冬天时就不明显了。

猞猁一般独居，孤身生活在森林灌丛地带、密林及山岩上。它是无固定窝巢的夜间猎手。晨昏活动频繁，白天会躺在岩石上晒太阳，或者为了躲避风雨，静静地待在大树下。它既可以在方圆几百米的地域里孤身蛰居几天不动，也可以连续跑出十几千米而不停歇。擅于攀爬及游泳，耐饥性强。

猞猁的性情既狡猾又谨慎，遇到危险时，它会迅速逃到树上躲蔽起来，有时还会躺倒在地，伪装死去，从而躲过敌人的攻击和伤害。在自然界中，虎、豹、雪豹、熊等大型猛兽都是猞猁的天敌，如果遭遇到狼群，也会被紧紧追赶、包围而丧命，一般都难以逃脱。

猞猁主要以雪兔等各种野兔为食。因此，在很多地方猞猁的种群数量会随着野兔数量的增减而上下波动，一般每间隔9～10年就会出现一个高峰。除了野兔外，它猎食的对象还有很多，包括各种松鼠、野鼠、旅鼠、旱獭、雷鸟、鹌鹑、野鸽和雉类等各种鸟类，有时还会袭击麝、狍子、鹿，以及猪、羊等家畜。

猞猁在捕捉猎物时，常借助草丛、灌丛、石头、大树做掩体，埋伏在猎物经常路过的地方等候，两眼机警地注视着四周的动静。它的忍耐性极好，能在一个地方静静地卧上几个昼夜，待猎物走近时，才出其不意地冲出来，捕获猎物，毫不费力地享受一顿"美餐"。如果一跃捕空，没有突击成功，使猎物逃脱，猞猁也不会穷追，而是再回到原处，耐心地等待下一次捕猎的机会。

有时猞猁也会悄悄地游走，如果发现猎物正在专心致志地取食，它就会悄悄地潜近，然后冷不防地猛扑过去，使猎物莫明其妙地束手就擒。猞猁也善于游泳，但不轻易下水。它还是个出色的攀缘能手，爬树的本领也很高，甚至可以从一棵树纵跳到另一棵树上，所以能捕食树上的鸟类，尤其是在夜间，当林中一片寂静、栖居在树上的鸟类都进入梦乡的时候，猞猁就会伸出利爪得心应手地猎取食物。

猞猁的恋爱季节一般在每年的晚冬和早春的2 ~ 3月，3 ~ 4月交配。它们不孤身活动，有时2 ~ 3只在一起，那是它们临时组成的"小家庭"。妊娠期2个月左右，每胎2 ~ 4仔，寿命达12 ~ 15年。经过67 ~ 74天的妊娠期，母猞猁会生下2 ~ 4只猞猁宝宝，宝宝们在大约1个月大的时候就开始吃固体食物了。不过它们一般会到第二年恋爱季节到来的时候才会离开妈妈。离开妈妈的小猞猁们为了生存有时会继续在一起过一段日子，比如几周甚至几个月，然后就各奔东西了。

第三章

森林中的生灵百态

　　森林动物是依赖森林生物资源和环境条件取食、栖息、生存和繁衍的动物种群。它们作为森林生态系统的重要组成部分，包括爬行类、两栖类、兽类、鸟类、昆虫以及原生动物等，其中鸟类和兽类是重要成员。森林动物的种群数量大，分布范围广，经济价值高，与人类的关系极为密切。

太阳的"粉丝"——节尾狐猴

中文名：节尾狐猴
英文名：Lemur catta
别称：环尾狐猴
分布区域：非洲马达加斯加岛

在非洲马达加斯加岛东南和南部，分布着许多节尾狐猴。节尾狐猴喜欢生活在林木稀疏的山区或干燥森林中。它吻长，两眼侧向似狐，尾有环节，黑白相间，因此得名"节尾狐猴"。节尾狐猴是狐猴科以下狐猴属的唯一一个种。

节尾狐猴的长相很独特。它头小，额低，耳大，两耳都长着很多茸毛，头部两侧也长有长毛，吻部很长，明显突出，下门齿呈梳状。它的身体很像猴类，体长30～45厘米，尾长达40～50厘米，体重2～4千克。全身毛色浅灰，背部呈棕红色，腹部为灰白色，额部、耳背和颊部均为白色，吻部、眼圈呈黑色。

节尾狐猴过着群居生活，每群十几只至数十只不等，群内雌雄节尾狐猴混杂，没有真正的领导者。它们在夜间休息，白天觅食，其余的时间喜欢在树上互相追逐玩耍。以树叶、水果、花朵为主食，有时也吃鸟蛋甚至幼鸟。节尾狐猴还喜欢晒太阳，它们常正襟危坐，腆着灰白肚，面对太阳接受日光浴。节尾狐猴性情温和，爱洁净，每天，它们都会用爪子梳妆理毛。它们每

个群体都有自己固定的领域范围，一旦有其他群体闯入，双方就会通过一种非常独特的方式进行交战，这种交战方式可称得上"化学战"。它们会用尾巴扇动自己肛门和上肢上的臭腺，把发出的气味吹向对方，虽然场面也很激烈，但避免了相互厮打，与其他猴类之间的打斗相比，还算文明。

　　节尾狐猴善于攀爬、奔跑和跳跃，这是因为它的后肢比前肢长。它可以在树枝间一跃9米，它的掌心和脚底都长着长毛，能够增加起跳和落地时的摩擦力，从而不会导致自己滑倒，它甚至能像人一样直立行走，它的长尾巴可以起到平衡躯体的作用。但是由于它的前肢短软无力，因此，它只好头上脚下倒退着地。

　　每年9～12月，节尾狐猴就会发情交配。为了争夺母猴，公猴会大动干戈，不仅会互相抓咬，而且还会利用身体臭腺散发的臭气熏赶对方。节尾狐猴的发情期在所有哺乳动物中是最短的。一对夫妻一般2周后就会劳燕分飞。

母猴的孕期约为5个月，翌年3～5月开始繁殖产仔，每胎1～2仔，也有的产3仔。刚出生的幼崽体裸无毛，母猴背着或抱着幼仔一起生活。6个月后，幼仔就可以独立生活，2～3岁性成熟。节尾狐猴的寿命可达18～20年。

家族最小——眼镜猴

中文名：眼镜猴

英文名：Philippine tarsier

别称：附猴

分布区域：苏门答腊南部和菲律宾部分岛屿

眼镜猴是一种珍贵的小型猴类，属灵长目眼镜猴科。在全世界已知的猴种中，眼镜猴是最小的猴种。在它们小小的脸庞上，长着独特的圆溜溜的大眼睛，眼珠的直径可以超过1厘米。眼镜猴是热带和亚热带茂密森林中的树栖动物，喜欢生活在茂密的次生林和灌丛中，原始森林中也有分布。主要分布于东南亚的菲律宾等地，属于濒危动物。

眼镜猴的脑袋很灵活，能转180°。其全身长满了柔软而厚实的毛。它们喜欢抱着树枝趴在树上，有时还喜欢在树枝之间跳跃。在它们的趾端有一个盘子形状的肉垫，这

就可以使它们能牢牢地攀附在树枝上。

眼镜猴还长有一条起平衡和支柱作用的长尾巴，这条尾巴长出身体几乎一倍，可别小看这条尾巴，因为这条尾巴，眼镜猴不仅能准确地在树枝间跳来跳去，也可以稳稳地趴在树枝上不掉下来。

眼镜猴背部长有银色光泽的灰毛，腹毛呈浅灰色。头圆，耳壳薄而无毛，眼睛大，直径达16毫米，前肢短、后肢长，趾尖有圆形吸盘，可以在许多光滑的物体表面停留。

眼镜猴的眼适于夜视，视网膜没有视锥。颈短，这是许多跳跃类群的特征。除第二趾和第三趾有爪外，其余各指、趾均长有扁甲。眼镜猴的后肢长，胫骨和腓骨融合，而跗骨特长，因而有跗猴之称。尾细长，尾端多毛。

眼镜猴的眼睛很特别。它的每一只眼睛重达3克，比它的脑子还重。它们对危险异常敏感，即使在休息时，也会睁着一只眼。眼镜猴的大眼睛，对于夜间捕食十分有利。它们吃昆虫、青蛙、蜥蜴及鸟类。有一种眼镜猴还能够捕食比它们自身大的鸟与毒蛇。眼镜猴体型大小如大家鼠，全身呈黄褐色，乍一望去仿佛一只褐家鼠。如按照身体的比例来计算的话，眼镜猴在灵长类动物中可荣获冠军：眼睛最大、耳朵最大、趾骨最长。

眼镜猴以蟋蟀为食，其寿命长达15 ~ 20年。但是由于眼镜猴极其恋乡，如果离开了自己生活的领地就会很快死去，因此不适合人工饲养。在菲律宾，人们曾试图把眼镜猴带到其他地方喂养，都以失败告终。野生环境中的眼镜猴很害羞，它们不习惯与人打交道。只有在人工饲养环境里长大的少数眼镜猴，才不介意这种轻柔友好的接触。除了睡觉和抱着树枝发呆，眼镜猴最关心的就只有吃虫子了。

勇敢战士——狒狒

中文名：狒狒

英文名：baboon

别称：狗头猿

分布区域：阿拉伯和非洲

　　狒狒是猴类的一种，生活在非洲东北部和亚洲阿拉伯半岛半沙漠的稀疏树林中，也被称为阿拉伯狒狒。雌雄狒狒的个头相差很大，雄性身长70 ~ 75厘米，大者可达90厘米，站立时体高约1.2米，而雌性身长不超过70厘米。狒狒头部大，吻部像狗，所以又叫狗头猿。它的头部两侧至背部披着长毛，从背面看就像披着一件蓑衣。与雄性狒狒相比，雌性狒狒不仅个头小，而且

头小、毛短、吻短，有点像猕猴。狒狒吃各种植物，也吃昆虫、蚂蚁、小鸟、野兔等，有时也会成群结队到田间盗食农作物，糟蹋庄稼。

狒狒喜欢在热带雨林、稀树草原、半荒漠草原和高原山地生活，通常在中午饮水。狒狒是唯一大型群居生活的高等猴类动物。每个狒狒群体有20 ~ 60只，大的群体多达两三百只，每个狒狒群由若干个"家庭"组成，各群都有自己的活动领地。狒狒群集体生活很严格，组织性很强，它们的首领是狒王。狒王身体强壮、个头魁梧、毛色漂亮。与其他猴类不同，狒狒是一种地栖生活的种类，即使到了晚上，狒狒也很少上树隐蔽，而宁愿集体待在峭壁悬崖上过夜。

狒狒的生活极有规律。每天早上7点多，它们就开始"起床"，然后成群外出寻找食物和饮水。为了方便觅食，它们常30 ~ 50只结成小群，分散觅食，每个小群都会有一个首领带路，其他雄狒则在两侧担任警戒任务，母狒和幼狒在中间，幼狒会受到全群的保护。进食时，执行严格的等级制度。首领首先享用食物，首领所到之处，其他狒狒都要敬畏地退避。首领也常常主动为有礼貌的狒狒理毛，以表示友好，这样既联络了感情，又能赢得其他狒狒对它的尊敬。

狒狒在猴类中是最富有智慧的，其智力接近于黑猩猩。它们不仅能灵巧地使用工具，而且还会相互合作，共同完成一件事情。狒狒吃果实时，如果嘴唇边沾上了果汁，这时它们就会拾起小石块之类的硬物，作为"餐巾"，在自己的嘴巴和鼻子上反复擦拭，直到它觉得擦干净了为止。

狒狒非常善于交际，但是这对它的家族的兴旺或遗传基因具体能起到什么作用，至今仍是个谜。有关狒狒的研究数据表明，狒狒之间的沟通交流，可以促进脑内物质的内啡肽（与镇痛有关的内源性吗啡样物质之一）的分泌，降低它们心率跳动的次数，对它们的紧张心绪能起到一定的缓和作用。

狒狒是自然界中好斗的动物，它敢于和狮子作战。一般情况下，3 ~ 5只狒狒就可以搏杀一只狮子，因为它们作战十分果敢、顽强，因此，一般动物园的说明文字都把狒狒称为"勇敢的战士"。

　　另外，狒狒还具有简单的抽象推理能力。科学家通过实验发现，狒狒能感知到2套各16个不同物体的电脑图像。狒狒还会使用"欺骗术"将别的狒狒支到远离食物的地方，自己躲在一旁独吞"战利品"。

"睡美人"——树袋熊

中文名：树袋熊

英文名：Koala bear

别称：考拉、无尾熊、可拉熊

分布区域：澳大利亚

树袋熊即考拉，有"睡美人"之称。在人们的眼中，树袋熊不是蜷缩在树杈上酣睡，就是在不断地咀嚼桉树叶，因此许多人认为树袋熊虽然滑稽可爱，但也是一种懒惰的动物。其实这是人们对树袋熊的误解。

树袋熊常年栖息在树上，它们最喜欢居住在桉树上，而且吃住等一切事

情都在树上进行。树袋熊有一对大耳朵，与体型有些不太相称，它们的鼻子黑黑的、扁平的，与它们的大耳朵配在一起，显得非常可爱。树袋熊没有尾巴，它们的四肢粗壮，还有尖利的小爪子，可以牢牢地攀住树枝。体重约为15千克，身长约0.8米，毛呈灰褐色，但其胸部、腹部、四肢内侧和内耳均为灰白色短毛。树袋熊性情温顺，样子也很像小熊，憨厚可爱，所以人们都称它为"树熊""无尾熊""保姆熊""玩具熊"等。

白天，树袋熊一般都在桉树上睡觉。它们睡觉的时候，喜欢蜷起身子来抱着树枝。其实树袋熊不论在什么时候都非常警觉，对声音极为敏感。即使睡着了，一有动静，它们也会很快从睡梦中惊醒。而且，它们很喜欢长时间地坐在桉树上"闭目养神"。

在夜晚，树袋熊一般都非常活跃。它们喜欢在树上爬上爬下，动作非常笨拙迟缓，但它们也有自己的绝活：树袋熊可以从一根树干横跳到另一根树干上，动作幅度很大；也可以从一段树枝纵跃到另一段上；而且还可以用一只后肢或前肢将身体悬挂在树枝上。

树袋熊特别能吃，看到它们吃东西的人都会大吃一惊。不过它们的食谱是很单一的，它们只吃甘露桉树、玫瑰桉树、斑桉树这几种桉树的叶子。因为桉树叶子里含有气味芳香的桉树脑和水菌香萜，所以在树袋熊的身上总会有一种桉树叶子的清香。

桉树叶子中含有挥发性的毒油和丰富的纤维素，这对树袋熊极其有害。但由于树袋熊长时间食用桉树叶子，因此它们自身已形成一套免疫系统，能将毒素"化害为利"，所以树袋熊能一直安然无恙地生活在桉树上。

树袋熊的寿命很长，约为12年。每年的11月至次年的2月，是树袋熊的繁殖期。雌性树袋熊怀孕1个月就会分娩，通常情况下每次分娩产崽。刚生下的树袋熊宝宝很小，大约只有2厘米左右，体重只有5.5克，出生后它会凭借自己的嗅觉爬进妈妈的育儿袋中，吮吸乳汁，继续生长发育。

6～7月后，树袋熊宝宝在妈妈的育儿袋中就基本发育完全了。2个月后，树袋熊宝宝就可以爬出育儿袋了。到4岁左右，它便可以离开妈妈独立生活。

树袋熊妈妈对宝宝的感情非常深，当树袋熊宝宝能独立生活了，它们才会开始下一次繁殖活动。

在开始吃桉树叶之前，树袋熊宝宝为了得到帮助消化纤维素的原生动物和细菌，它会去舔食成年树袋熊的粪便。成年树袋熊在吃桉树叶子时，会挑选毒性最小的桉树叶子来吃。而树袋熊体内未被消化的桉树油，一般都通过皮肤和肺脏排出体外，剩下极少部分由排泄器官排出。

礼仪绅士——薮猫

中文名：薮猫
英文名：Serial
分布区域：非洲撒哈拉沙漠以南

　　薮猫，属于中型猫科，产于非洲，是一种长相古怪、外表可爱的动物。它是一种"像鹿一样的狼"。因为薮猫的相貌"超凡脱俗"：纤细的身体，修长的四肢，外加一对紧密相靠的超大耳朵，让古代的人有了"狼"和"鹿"的联想也不足为奇。

　　薮猫主要分布在非洲撒哈拉沙漠以南的大部分地区，除了非洲北部和西南部的干旱沙漠、中部的热带雨林以外，都能见到它们的足迹。薮猫喜欢在水源充足的地带生活，在这里，它们刚好可以利用修长的四肢在高高的草丛或芦苇间到处跳跃。不过尽管薮猫分布甚广，由于它们择水而居，种群之间因此呈现隔绝状态。在北非阿特拉斯山脉(摩洛哥、阿尔及利亚一带)据说还存在着薮猫的一支亚种。但即便那里真有幸存者在悄然生活，也许它们早已陷入绝境，因为那里已经有几十年没人见过薮猫。

　　薮猫的大小类似于狞猫，体长67～100厘米。薮猫的四肢长达1米，全身呈沙黄或红棕色，身上布满黑色的斑纹或斑点，腹部的颜色偏白。在西非的薮猫身上的斑点比较小，斑点也不那么明显，以至于一度被认为是另外一个独立的物种。总的来说，来自湿润地区的薮猫斑点更为精巧，而较为干旱地区的薮猫斑点则比较大。薮猫的尾巴较短，不到身长的1/3，有黑包的环纹装饰。它们的头很小，口吻部位比较长。当然，最有特色的还是薮猫那对大耳朵。薮猫的耳朵长的化置比较高。而且两耳距离也很近，耳背毛色黑白相间。在相对潮湿的树林地带还有周身黑色的薮猫。

由于存在的分歧很多，在人类命名的14种薮猫亚种中，目前，被确定下来的仅有7种。

薮猫在晨昏或夜间进行活动。逢到雨季或哺育后代的时候，薮猫白天也会出来捕食。另外，一些地区的薮猫会根据猎物的活动情况对自己的作息习惯适当调整。此时，它们会选择在白天出来捕食。别看薮猫个头不小，它们平常基本只捕捉小动物，例如各种鼠类、兔类、鸟、蛇、青蛙、蜥蜴、昆虫等。运气好的话它们也能抓些小羚羊之类个头比较大的动物好好饱餐一顿，因为薮猫虽然生了两对超级长腿，但对草原追逐战并不那么感兴趣，而更愿意利用长腿优势登高望远、攀爬跳跃。它们会飞身跃入空中，用两只前爪用力拍击鸟类和昆虫，或者把鸟类或昆虫按在爪下。在捕捉猎物时，薮猫常常先用爪子连续击打，把猎物拍晕甚至打死，然后才用嘴撕咬。薮猫的大耳朵

在捕猎当中也起了重要作用，它们需要用那对超强大耳朵聆听草丛或地下小动物细微的活动声，分辨这些小动物的确切位置。曾有人发现薮猫埋伏在猎物的洞外。等洞里的小动物刚要出洞时，薮猫就用长长的爪钩把猎物从洞里拖了出来，甩到空中再进行捕捉。

薮猫善于划分自己的领地，母猫的领地约有2～9平方千米，而公猫的领地比母猫的大两倍，并可能和母猫领地交叉。公猫之间的"战争"颇具仪式性，非常有意思。通常，公猫会怒气冲冲地面对面坐着，如果某位实在忍不住，把前爪推到对方胸口，另一位则会用嘴回敬这只来意不善的爪子，这样你推我搡，最终升级成全面打斗。不过，很多情况下，这两只公猫还是比较文明的，它们以目光"攻击"对方，长时间地对对方怒目而视。

薮猫的孕期较长，约为67～77天。每胎产1～5只幼仔(2～3只居多)。4～7个月后，猫宝宝就开始断奶。一般母猫独自抚养孩子，到了18～24个月，等到孩子性成熟之后，妈妈会把孩子赶出自己的领地，让它们独立生活。

尊贵的黄虎——金猫

中文名：金猫
英文名：Asian Golden Cat
别称：亚洲金猫、原猫、红椿豹、芝麻豹、狸豹、乌云豹
分布区域：中国东南、西南部，喜马拉雅山脉、东南亚及苏门达腊岛

金猫属于猫科动物，体长达80～100厘米。它的尾巴很长，超过体长的一半。金猫的耳朵短小直立，眼睛又大又圆。它四肢粗壮，体健有力。因体毛颜色多变，名字也不同：全身乌黑的称"乌云豹"；毛色棕红的称"红椿豹"；体色暗棕黄色的称"狸豹"；其他色型的金猫统称为"芝麻豹"。

金猫是热带亚热带动物，但它具有较强的耐寒性，因其毛皮较厚，而且长有底绒。金猫一般生活在山区，在云南等地甚至可以在海拔3000米以上的高山地带生活。多在较密的山地丛林，或者多岩石的地带活动。同大多数猫科动物一样，金猫喜欢单独在夜间活动，白天几乎完全伏着不动。金猫善于爬树，听觉很好，是外耳活动最为灵敏的一种猫类，可以收听到来自四面八方的极其细微的声音，就好像是"活雷达"。金猫性情凶野、勇猛，因此有"黄虎"之称。传说，在广西民间，曾有"黄虎"跳上虎背，将虎的脖颈咬断。这都说明了它凶野的本性。

金猫长着棕红或金褐色的体毛，也有一些变种体毛呈灰色或黑色。在其下腹部和腿部，会出现斑点，某些变种在身体其他部分也会有一些较浅的斑点。我国就有一种变种，体毛带有斑点，很像金猫。金猫颜色变异很大，正

常毛色为橙黄色，布有美丽的暗色花纹。变异毛色有3种颜色，即红棕色、褐色和黑色。无论怎样变化，金猫的脸型都是一样的，在眼的内上角，长有一道镶黑边的白纹。

金猫除在繁殖期成对活动外，一般过着独居生活。它的行踪往往很诡秘，因此有关金猫野外种群习性的资料很少。有关研究表明，金猫主要在夜间活动，最近的研究则显示，部分金猫的活动不具有规律性。金猫夜间活动以晨昏时间居多，白天，金猫栖息在树上的洞穴内，夜里下地活动。但是如果在冬季，金猫也常有白天活动的现象。金猫善于爬树，但多在地面活动，只有在逃避敌害或捕食前后才会爬上树。金猫的活动范围一般在2～4平方千米，每夜行程500～1500米，常把山脊光秃的小山包、岩石或三叉路口处作为排粪处。

金猫主要以各种个头较大的啮齿动物为食，也可以捕食地面较大的雉科鸟类、野兔等动物，还能捕食黄麂、毛冠鹿、麝等偶蹄类动物，但金猫喜欢在地面上捕食，有时也能攀爬到高处，鼠、兔、鸟和小鹿等都是它的捕食对象，有时，它也盗吃家禽，甚至还袭击羊和牛犊等。

　　金猫的繁殖季节不固定，多在冬季发情，春季产仔，妊娠期为91天，每胎产2～3仔，幼仔产在树洞内。如果金猫初生仔短期内全部死亡，它可以在4个月内再次发情繁殖第二胎。妊娠期为90天，每胎产仔1～3只，初生仔体重约为250克，出生后6～12天睁眼。圈养条件下的金猫寿命可达20年，但其野外种群的平均寿命要更短些。

辟水金睛兽——驼鹿

中文名：驼鹿

英文名：Alaskan moose

分布区域：欧亚大陆的北部和北美洲的北部

　　驼鹿是世界上体型最大和身高最高的鹿。驼鹿的体型略像牛，但比牛高大，因背部明显高于臀部，状如驼峰而得名。头大颈粗，吻部突出，鼻孔较大，鼻形如驼。背部平直，臀部倾斜。四肢高大，尾较短。雄鹿头上长着大角，角的枝杈间互相融合，形成侧扁掌状或叶状，雌鹿虽不长角，但在相应部位略有突起。喉部有1个悬垂体，上面生有束状长毛。主蹄大，呈椭圆形，侧蹄细长触地面。

　　驼鹿栖息在原始针叶林和针阔混交林中，是典型的亚寒带针叶林动物，多在林中平坦低洼地带、林中沼泽地活动，很少远离森林，但随着季节的不同也会有所变化。春天多在针阔混交林、桦树林、山杨林以及河、湖沿岸柳丛茂密的地区活动；夏天大部分时间在沿河林地、灌木杂草丛生的河湾、河谷沼地、高草草甸以及旧河床等地带活动，尤其喜欢山涧溪流、多汁植物茂盛的低洼地和沼泽地；秋季大多在林间空地、采伐迹地、林缘或林中沼泽地，以及山地溪流上游避风向阳的地方结群游荡；冬季主要在山地阳坡的杨桦林、沼泽地的柳林灌丛等地活动。严冬时常集成小群在有地下水露出的地方活动。

　　植物的嫩枝条是驼鹿最喜欢吃的食物。夏季，驼鹿会大量采食多汁的草本植物，食物种类多达70余种。这些食物主要是柳、榛、桦、杨等的嫩枝叶，

占驼鹿全年食物量的43%～68%。驼鹿也吃睡莲、眼子菜、慈菇、香蒲、浮萍、蓬草等。春夏季节，驼鹿喜欢在盐碱地舔食泥浆。驼鹿在休息时开始反刍，吃下的食物会倒入口腔，经过细嚼后会咽入重瓣胃中。

驼鹿角的叉数和其年龄有关。6～8月龄时，驼鹿会生出新角，初生的角称为锥角，为单枝。第三年，锥角会分出2个叉，在其基部，还会出现角盘。第四年分出3个叉，第五年分出4～5个叉，第六年以后就不再呈现规律。驼鹿角的长度和重量随着叉数的增加而增加，掌状角面积的增加尤其显著。驼鹿角每年脱换一次，2月中旬至3月底脱落旧角，1个月以后就会长出新角。7～8月，角从基部开始骨化，至9月，角完全骨化，茸皮随着脱落。

驼鹿每年换一次毛，4月初至5月会脱落冬毛。冬毛脱落先从耳、鼻部开始，接着是背部和四肢，这样依次逐渐脱换。驼鹿换毛的迟早会因性别、年龄的不同而有一定的差异。一般情况下，膘肥体壮的成年驼鹿最先换毛，其次是幼仔和怀孕的雌驼鹿，老弱驼鹿的换毛时间可延迟到7月中旬。

由于驼鹿的个头很大，所以它在自然界中的天敌很少。狼、棕熊、猞猁、貂熊，都是驼鹿的天敌。这些动物会袭击驼鹿的幼仔，年老、患病、体弱的驼鹿也会遭到它们的袭击，特别是刚生育的雌性驼鹿和出生不久的幼仔。健壮的驼鹿勇猛有力，有时甚至可以击败熊、狼等体型较大的食肉兽类。但是，如果是在积雪较深的地方，驼鹿就会行动不便，这时，它就容易被成群的狼等食肉兽类捕食。

　　刚出生的驼鹿幼仔体长为70～82厘米，体重达10～12千克，毛色棕黄。全身为白毛的驼鹿，被称为"白驼鹿"或"白化驼鹿"，这种驼鹿十分珍稀，出生的比例约为一万分之一。产仔后雌性驼鹿就会立即站立起来，为幼仔舔干身上的湿毛，幼仔也开始挣扎着站起来，但很快就会摔倒，反复多次后，驼鹿幼仔才能勉强站起。在出生后的6个月内，驼鹿幼仔生长很快。10～14天后，驼鹿幼仔就开始跟随雌兽活动，1个月后会吃草和嫩树叶，驼鹿幼仔哺乳期约为3个半月。1岁以后，它就能开始独立生活，3～4岁时，驼鹿就可以达到性成熟。

　　冬天因食物匮乏，驼鹿经常混到牧民的牛群当中"蹭饭"，驼鹿善于游泳，所以《西游记》中吴承恩笔下牛魔王的坐骑"辟水金睛兽"的生活原型就很有可能是驼鹿。

金毛扭角羚——羚牛

中文名：羚牛

英文名：Takin

别称：扭角羚、牛羚、金毛扭角羚、野牛

分布区域：中国、印度、尼泊尔

　　羚牛属牛科羊亚科，但它并不是牛，分类上它与寒带羚羊接近，是世界上公认的珍贵动物，在我国被列为国家一类保护动物。因它体型粗壮如牛，长210厘米，约重300千克，活像一头小水牛，而头小尾短，又像羚羊，它叫声似羊，但性情粗暴又如牛，故又名羚牛。它长有1对角，角从头部长出后翻转向外侧伸出，然后折向后方，由于角尖向内扭曲，因此，羚牛又称扭角羚。

　　我国西南、西北及不丹、印度、缅甸等地是羚牛的产地。由于产地不同，羚牛的毛色也不同，由南向北，羚牛的毛色逐渐变浅。我国境内的羚牛，全身白色，称为"白羊"，老年个体呈金黄色，称为"金毛扭角羚"。

　　羚牛生活在海拔3000～4000米的高山悬崖地带，它是一种高山动物。在高山悬崖上，依次生长着常绿落叶阔叶林、落叶阔叶林、针阔混交林、针叶林和高山草甸灌丛，海拔越高条件越恶劣，气候也越冷。可是羚牛并不在乎，林下生长的灌木、幼树、嫩草及一些高大乔木的树皮都是它们的美味佳肴，它们白天隐匿于竹林、灌丛中休息，黄昏和夜间出来觅食。羚牛上下往来于群山之中，纵横于悬崖峭壁之间，就像走平地一样。羚牛身上长有一身厚密的被毛，能抵御冬天的严寒。羚牛不怕寒冷，但是却惧怕炎热。当夏季气温接近30℃时，羚牛每分钟喘气次数可达100次以上。

　　在野生动物家族中，羚牛也算是庞然大物了，看上去"牛气"十足、桀骜不驯，但它的性情却十分敦厚，从不主动挑起什么事端。为抵御大型食肉动物的侵犯，它们常常群居在一起，常十多只一起活动，多时达二三十只，甚至多达百只以上的大群，每群都由一只成年雄牛率领，牛群移动时，由强壮个体领头和压阵，其他成员在中间一个挨着一个地随后跟着顺小道行走。牛群平时活动时，一般有一只强壮者屹立高处瞭望放哨，如遇敌害，头牛会率领牛群冲向前去，势不可当，直至脱离险境。羚牛行进时，一般都是青壮雄牛走在群体外围，这不仅仅是为了保护弱者，还有一个重要原因：一旦遇上别的牛群，它们便于"改换门庭"以实现更高的"自我价值"，或夺头牛之位，或多占"妻妾"。而达此目的的唯一方式就是决斗——雄牛的这种"背叛"与"上进"行为，对羚牛种群的繁衍生息具有重要的遗传学意义。至于结果，自然是"胜者王侯败者寇"，落败的雄牛将被驱逐出群。若找不到新的愿意收留它的同类，就只能离群索居、踽踽独行于危机四伏的莽林，成为食肉猛兽美餐的可能性也就大大增加了。

羚牛所食的植物种类多达百种，这些植物种类具有多方面的营养，有些是天然的中草药，具有止泻驱虫的功能，能抵御疾病的困扰。它还喜爱舔食岩盐、硝盐或喝盐水以满足自身的需要，因此林中含盐较多的地方，常是牛群的集聚点。

每年7～8月，是羚牛的交配季节。这时，雄性羚牛的性情就变得格外凶猛。为了争夺雌牛，体格强壮的雄性羚牛之间就会展开殊死的角斗，失败者退居群后，胜利者才得以与雌性交配。羚牛的孕期约9个月，一般在翌年3～5月产仔，每胎1头。

"四不像"——麋鹿

中文名：麋鹿

别称：大卫神父鹿

分布区域：中国的北京、湖北、江苏

麋鹿属于哺乳动物。它们的角像鹿角，但却不是鹿；颈像骆驼的颈，又不是骆驼；尾像驴的尾巴，而不是驴；蹄像牛蹄，而又不是牛。麋鹿因这种奇特的外形而被人们称为"四不像"。

麋鹿性喜水，善于游泳，以青草、树叶、水生植物为食。麋鹿体长2米多，一身淡褐色的毛，背部颜色较浓，腹部较浅，蹄部宽大，非常适于在雪地和泥泞的地上活动，它们在每年的6～8月发情。

是否有角是雌雄麋鹿的一个明显区别，因为只有雄麋鹿长角。雄麋鹿的角似乎跟鹿角差不多，将两者仔细比较一下，我们会发现，这两者之间存在着明显的区别。麋鹿的角没有眉叉；主干离头部一段距离后分为前后两只，而且前只较短，后只较长；角的表面长着很多分支。

麋鹿的颈粗壮灵活，而且有力，看起来很像骆驼的颈，但如果将两者放在一起比较，你会发现骆驼的颈比麋鹿的颈长，雄麋鹿的头颈更为特别，头颈下还长有长长的毛。

麋鹿的尾巴看起来与驴尾的确很像，只是在粗细上有区别。但仔细观察你会发现雄麋鹿的尾巴也较为特别，它们的尾巴要比驴的尾巴长很多，可以一直垂到踝关节下边。

麋鹿的蹄子与牛蹄很像，但却没有牛蹄那样粗壮，在这些似像非像的特征中，它们的蹄子与牛的蹄子区别是最小的。从麋鹿的蹄掌可以看出它们的生活习性，麋鹿有4个蹄，中间1对是主蹄，较为粗大，而两侧的蹄较小，它们一起可以形成很大的受力面。这就为麋鹿在森林、沼泽地带行走提供了便利的条件。

中国是麋鹿的故乡，在古代麋鹿分布广泛，有关化石资料表明，武王伐纣时期，是麋鹿最繁盛的时代，它们主要分布在草原地区，尤其是长江、黄河流域的下游沼泽地区。麋鹿由于受外界环境的变化及人为等因素的影响，在中国曾一度绝迹。因为19世纪时，一些国家从中国带走了一些麋鹿，所以这种稀有动物才幸免绝迹。

雄麋鹿在发情期十分好斗，有时为了争夺雌麋鹿而拼得你死我活。一般动物的母性都较为强烈，但雌麋鹿的母性却不那么强烈。它们生下幼崽之后，除了白天喂奶，晚上偶尔照看之外，根本不陪在幼崽身边。

魔术师——变色龙

中文名：变色龙

英文名：chameleon

别称：避役

分布区域：马达加斯加岛，撒哈拉以南的非洲

变色龙原产于非洲，它们栖息在树上，有长而灵活的尾巴，能够卷住树枝；眼球外鼓，两只眼睛能各自独立活动，左眼朝前看时，右眼很可能在四处乱转，十分奇特。而变色龙最为人所熟知的，就是它的变色本领了。在不同的环境、条件下，它们的身体会变换出不同的颜色，变化速度之快令人惊讶。

变色龙的皮肤有4种不同的基础颜色：黑色、红色、蓝色和黄色，这4种颜色分布在3层色细胞中，最深层为黑色，中间层是蓝色，最上层是黄色和红色。自然界中千变万化的色彩都由红、黄、蓝三原色组合而来，而变色龙也可以靠不同层面细胞的收缩扩张，将这4种颜色进行比例不一的调和，从而产生千变万化的效果。许多动物的身体表面会根据栖息地的不同而呈现出与周围环境相类似的颜色，以此躲过天敌的追捕，或者将自己隐藏起来不被发现，这叫做保护色。那么变色龙的体色也应该是随环境而变化吗？其实，这种想法并不准确，变色龙变色并非如此简单，它还受到光照、温度甚至心情的影响。

通过改变身体的颜色，变色龙还可以向同类传达丰富的信息。一只雄性变色龙在宣布自己的领地主权时，会将身体调成明亮的颜色，以此向入侵者施压；当雌性变色龙拒绝一次异性的求爱时，雌性变色龙的皮肤会变得黯淡，并不是闪耀一片一片的红斑；当它们发怒并决定进行一场角斗时，身体又会呈现出黯淡肃杀的色彩。通过研究变色龙变色的规律，我们可以了解到更多关于它们的信息。

变色龙有极好的耐性，为了捕捉到树上的昆虫，甚至可以整日一动不动地将自己化成植物的一部分。而在发现目标后，它会踩着极其轻柔的步子慢慢向前滑去，为了不惊动目标，迈出一步会用很长的时间，甚至一脚悬在半空，犹豫许久最终还是缩回，这一过程宛如在跳一段舞，令人赏心悦目。一旦目标进入自己的攻击范围，变色龙的舌头便会在刹那间弹出，势如闪电，向猎物疾射而去。它的舌头已经进化得如同钓鱼竿一般，舌根有一段硬物支撑，好比钓竿，中间是一段柔软的部分，好比钓鱼的线，而末端一段变粗，还有很强的黏性，好比鱼钩，能够牢牢黏住猎物，再往回一收，猎物就稳稳当当落入口中。

如今世界上已发现的变色龙大约有160种，绝大部分生活在非洲大陆和马达加斯加岛，但在不断的交流中，世界上其他地区也渐渐有了它们的踪迹。在美国夏威夷群岛，有一种浑身发绿、四肢紧握树枝、两眼专心致志盯住前方的变色龙，叫做杰克森变色龙，它的原产地就在非洲。20世纪70年代，一批变色龙被引进到夏威夷，并逐渐繁衍出野生的族群，延续至今。

杰克森变色龙主要生活在非洲东部海拔 1800 米左右的雨林地区，那里常年湿润，降雨量很大。杰克森变色龙有许多与其他变色龙不同的地方，最突出的便是雄性头上 3 根冲前的角，既坚且锐，用于繁殖季节抢夺配偶的争斗，自然界中，有时能够看见一些杰克森变色龙头上的角残缺不全，很可能是在争斗中折断的。但它们并不十分好战，杰克森变色龙性情还是较为温和的。除了角，它们还有特殊的一处——它们是胎生的。一般爬行动物都是卵生，即像禽类一样产卵，然后从卵中孵化出新的幼体。杰克森变色龙似乎进化得要高一些，雌性生出来的不是蛋，而是小变色龙。它们一次可以产出 10 ~ 30条小变色龙，都装在一个有黏性的薄膜里，在哪里出生就会黏在哪里，然后由小变色龙自己破膜而出，一些小变色龙没有办法撕开这层膜，便会有生命危险。

微型"兔王"——鼷鹿

中文名：鼷鹿

英文名：Lesser Mouse Deer

别称：鼠鹿、小鹿、小鼷鹿、马来亚鼷鹿

分布区域：中国云南，老挝、柬埔寨、越南、泰国、马来西亚和缅甸

    鼷鹿在动物分类学上属于偶蹄目、鼷鹿科、鼷鹿属。鼷鹿科是介于骆驼科与鹿科中间的类群，也是偶蹄目动物中个头最小的一个类群，共有2属4种。现生鼷鹿的祖先是古鼷鹿，出现在晚始新世。它很可能是反刍类动物的祖先，其主要的一些特点与现生鼷鹿类似。

    在偶蹄类动物中，鼷鹿是最小的动物，体长47厘米左右，尾长5～7厘米，体重仅2千克。面部尖长，无角，雄性有发达的獠牙，四肢细长，前肢较短。雄兽和雌兽的头上都没有角，第一枚门齿呈铲状，第二、第三枚门齿和犬齿都呈条状，铲状的门齿之间还有空隙。雄兽的犬齿较为发达，露在外面形成獠牙，是它决斗时的主要武器。鼷鹿四肢细长，主蹄尖窄。在鼷鹿的喉部，长有白色纵行条纹，腹部为白色。背、腿侧及体侧等阳光能直射到的部位，毛色黄褐。一般情况下单只活动，只有到发情期才雌雄成对相聚一起寻食，交配后即各奔东西。它是保留着许多原始特征的鹿类动物。

    鼷鹿喜欢在热带次生林中、灌丛中、草坡上生活，常在河谷灌丛和深草丛中活动，有时也会进入农田。在深草、灌丛中行动时，十分灵敏，善于隐蔽，一般不会远离栖息地。主要在晨昏活动，以植物嫩叶、茎和浆果为食。

　　鼷鹿全年都能繁殖，孕期5～6个月，每胎1仔，偶尔也产2仔，幼仔出生半小时后就能活动。鼷鹿一年能生育3次。但因其天敌较多，现存数量稀少。鼷鹿小巧玲珑，惹人喜爱，是一种很受欢迎的观赏动物。鼷鹿还是现有的反刍类有蹄动物中最古老、最原始的种类之一。

森林之人——红毛猩猩

中文名：红毛猩猩
英文名：orang utan
分布区域：婆罗洲和苏门答腊岛北部

红毛猩猩是世界上珍贵的灵长类动物，属猩猩科。它憨态可掬，很受人们的喜爱。红毛猩猩、大猩猩及黑猩猩一起被人们称为"人类最直系的亲属"。

红毛猩猩是一种温驯、聪明有趣、喜欢恶作剧的动物。红毛猩猩与人类的行为极其相近。它们喜欢在树上吊荡，过着逍遥自在的生活。因红毛猩猩特别喜爱在树上玩耍，并且长相十分像人，所以被称为"森林之人"。

红毛猩猩生活在婆罗洲和苏门答腊岛北部的热带山地森林、低地龙脑香森林、热带泥炭沼森林和热带卫生保健林中。现发现湿地森林生境生活着高密度的红毛猩猩群；苏门答腊岛北部则有大约9000只红毛猩猩存活，它们主要在一个国家公园的四周活动；在婆罗洲岛，有1～1.5万只红毛猩猩，主要在8个隔离区活动。

红毛猩猩除了脸部光滑无毛外，其余部分都长着红褐色的粗长的毛发。它的上肢比下肢长，手足的拇指都很短，无尾。雄性红毛猩猩成年后，喉袋就会渐渐松弛，垂至胸部，脸颊两侧和眼睛上方会长出大块肉瘤状的赘肉，饲养下体重可达200千克，俨然一庞然大物。幼猩猩肤色金黄，成年猩猩则为深棕色。生活在苏门答腊岛上的红毛猩猩的肤色比婆罗洲红毛猩猩肤色白一些。红毛猩猩双臂细长，全长可达225厘米。双手长而窄，手和脚的拇指均

呈相对形状。红毛猩猩直立时高度可达150厘米，雌猩猩最大体重为65千克，雄性则可达144千克。

红毛猩猩知道如何装出一副唬人的样子以保卫自己的领地，它往往用夸张的姿势吓退进犯者，比如嘴里发出轰隆隆的声音，似乎是在宣告自己的存在和不可侵犯。猩猩发出的这种声音往往能传出几千米。红毛猩猩习惯于在白天觅食，每天夜里都要在离地12～18米的高处筑一个新窝。

红毛猩猩习惯过小群居生活，母猩猩带着数只小猩猩，而雄猩猩则独自散居在附近，只在发情时回到母猩猩的居住地。母猩猩很尽职地照顾后代，以至于非法捕猎者总是要先射杀母猩猩，才能顺利地捕获小猩猩。

红毛猩猩的寿命很长，约为30年。红毛猩猩实行"一夫多妻"制。它们大多居住在热带雨林及湿地林中，从高高的树冠部到较低的树枝，都是它们的活动范围。夜晚，它们会在树上折取树枝做成简单的巢睡觉，而且每个巢只使用一次。红毛猩猩在树上活动时，通常手脚并用缓慢地移动，在地上行走时亦是四肢着地，由于行动缓慢，每天最多仅移动约1000米，不垂直跳跃，和活泼敏捷的黑猩猩相比大异其趣，它们也不太爱发出声音，相当安静，尤

其是成长后的雄猩猩常静坐不动，像个大哲学家（有一种说法是：印度尼西亚传说认为，猩猩是重新回到森林中生活的人类。它们害怕抓住后被迫去做苦役，所以假装不会说话）。它们通常营小群生活，群体的构成通常由母猩猩带数只猩猩组成。公猩猩平时单独散居他处，仅于发情时才会前来与母猩猩交配，在交配完后就拍拍屁股走，剩下母猩猩单独将小猩猩抚养长大。母猩猩在抚养期间，便不再和其他公猩猩交配，抚养幼仔的时间大概需要7年的时间，因此一只雌性红毛猩猩一生最多生育3次。

多角怪兽——马鹿

中文名：马鹿

英文名：Red Deer

别称：八叉鹿、黄臀赤鹿、红鹿、赤鹿

分布区域：欧洲南部和中部、北美洲、非洲北部、俄罗斯东部、中国新

疆、东北地区

　　马鹿因为体型似骏马而得名，是仅次于驼鹿的大型鹿类。它体长达

160 ～ 250厘米，尾长12 ～ 15厘米，肩高150厘米，体重150 ～ 250千克，

雌兽比雄兽个头要小一些。它的毛很短，没有绒毛，呈赤褐色，背面颜色较深，腹面较浅，因此人们把它称为"赤鹿"。

雄性马鹿长有大角，体重越大的个体，角也越大。雌兽在相应部位仅有隆起的嵴突。雄性马鹿的角一般分为6个或8个叉，有些可达9～10个叉。在基部即生出眉叉，斜向前伸，与主干几乎成直角；主干较长，向后倾斜，第二叉紧靠眉叉，因为距离极短，称为"对门叉"。这和梅花鹿及白唇鹿的角是有区别的。角的第三叉与第二叉的间距较大，以后主干再分出2～3个叉。各分叉的基部很扁，主干表面长有小突起和少数浅槽纹。

马鹿是典型的北方森林草原型动物，但由于其分布范围广，栖息环境也多种多样。东北马鹿栖息于海拔不高、范围较大的针阔混交林、林间草地或溪谷沿岸林地；白臀鹿则主要栖于海拔3500～5000米的高山灌丛草甸及冷杉林边缘；而在新疆，塔里木马鹿则栖息于罗布泊地区西部有水源的干旱灌丛、胡杨林与疏林草地等环境中。

每年9～10月，是马鹿的发情期。此时，雄性马鹿很少采食，它们常用蹄子扒土，频繁排尿，用角顶撞树干，把树皮撞破或者折断小树，并且发出吼叫声，初期时叫声不高，多半在夜间，高潮时则日夜大声吼叫。发情期间雄兽之间的争偶格斗也很激烈，几乎日夜争斗不休，但在格斗中，通常体弱的马鹿一旦招架不住就会败退了事，胜利的马鹿也不追赶，只有双方势均力敌时，才会出现一方或双方的角被折断的情况，此时，甚至会造成严重致命的创伤。获胜的雄鹿可以占有多只雌鹿。

雌鹿在发情期能分泌出一种特殊的气味。此时，它的眶下腺张开，经常摇尾、排尿，发情期一般持续2～3天，性周期为7～12天，雌鹿的妊娠期为225～262天，在灌丛、高草地等隐蔽处生产，每胎通常产1仔。初生的幼仔体毛呈黄褐色，有白色斑点，体重为10～12千克，2～3天内软弱无力，只能躺卧，很少行动。5～7天后就开始跟随雌鹿活动。哺乳期为3个月，幼仔1个月时就会出现反刍现象。12～14个月龄时，开始长出不分叉的角，到第三年分成2～3个枝叉。3～4岁时性成熟，寿命为16～18年。

温柔使者——驯鹿

中文名：驯鹿
英文名：Reindeer
别称：角鹿
分布区域：欧亚大陆、北美、西伯利亚南部

　　驯鹿并不是人工驯化出来的，之所以给它们起这个名字，是因为它们很温驯，是人类的好朋友。驯鹿是喜欢极地附近严酷气候条件的少数几种动物之一，它们的双层皮毛很厚，能有效地抵御严寒。四肢长而有弹性，适于踏雪行走和长途迁徙。它们常常成群结队地生活在一起，但群体的大小会随季节的变化而有所改变。

　　驯鹿个头中等，体长100～125厘米，肩高100～120厘米；雌雄都长有角；角干向前弯曲，有分叉。3月，雄鹿脱角，雌鹿稍晚，约在4月中、下旬。驯鹿头长而直，嘴粗，唇发达，眼较大，眼眶突出，鼻孔大，颈粗短，下垂明显，无鼻镜，鼻孔生长着短绒毛，耳较短似马耳，额凹；颈长，肩稍隆起，背腰平直；尾巴很短；主蹄又大又宽，中央裂线很深，悬蹄比较大，掌面宽阔，是鹿类中最大的。在夏季，驯鹿体背毛色为灰棕、栗棕色，腹面和尾下部、四肢内侧为白色。冬毛稍淡，呈灰褐色或灰棕色，髯毛和会阴毛密生，呈白色。5月，驯鹿开始脱毛，9月，长冬毛。仔鹿生后10天，初角茸就会长出来。

　　驯鹿生活在寒温带针叶林中，处于半野生状态。主要以石蕊为食，也吃问荆、蘑菇及木本植物的嫩枝叶。鄂温克猎民照顾驯鹿很粗放，过着"逐石

蕊而居"的游牧生活，不定期迁居，主要活动在大兴安岭北部的激流河、阿穆尔河、呼玛河、阿巴河一带。定期饲以食盐，夏季建栏熏蚊，在驯鹿产仔期间，帮助母鹿照顾幼仔，赶走狼、熊等天敌。其余时间，驯鹿则自由自在地在林中采食活动，不用看管。

地衣是驯鹿最爱吃的植物，因此，又被称为"驯鹿苔"。冬天，地衣被埋在雪地下。雌鹿一旦嗅到地衣，就用铲子般的蹄挖掘雪洞下的地衣。如果被雄鹿觊觎，为了身旁的小鹿，还有体内蠕动的生命，雌鹿会和雄鹿以角死拼，争夺那救命的地衣洞。

驯鹿的特别之处在于，雌雄鹿都长着长长的角。但奇怪的是，它们还会捕杀动物。每当严寒来临，在缺少太多的菌类食物时，成群的驯鹿就会捕杀北极旅鼠，进行饱餐。

驯鹿每年9～10月为交配季节，争雌斗争激烈，性周期13～22天。受胎率较高，妊娠期225～240天，4～5月产仔。每胎产1仔，偶有2仔。哺乳期165～180天。雌鹿1.5岁性成熟，个别发育好的个体当年即能参加繁殖，一直到14岁，繁殖能力很强，雄鹿性成熟较晚。驯鹿寿命可达20年。

在西伯利亚北部和欧洲部分地区，它们常被用于运输，一般可驮50～80千克的东西，是冰原地带主要的运输工具。

驯鹿最惊人的举动，就是每年一次的大迁移。每到春天，它们便离开越冬地，举家北上。迁移的队伍中，雌鹿打头阵，雄鹿紧随其后，秩序井然。一路上，它们脱去厚厚的"冬装"，换上清爽的"夏装"。这漫长的迁移大概要长达数百千米。

森林强盗——浣熊

中文名：浣熊

英文名：Procyon lotor

别称：食物小偷

分布区域：美洲

　　浣熊喜欢居住在池塘和小溪旁树木繁茂的地方。浣熊的毛很长，眼睛周围是黑色的，看起来好像戴着面具。浣熊擅长爬树，大多在夜间活动，利用视觉和灵敏的嗅觉来觅食。它们的爪子很灵活，能够拾东西或抓东西。浣熊的适应能力很强。它们不仅在林地生活，而且还学会了如何在有人类居住的

地区生活。浣熊常常偷盗垃圾箱、人们储藏的食品和农夫的农作物，并且还留下残屑碎片的痕迹，因而被人们称为"强盗"。

浣熊平常总是单独生活，只在繁殖期才会成对。公浣熊会同时与几头母熊交配，但母熊一般只接受一位求偶者。平时温驯安详的公熊在交配季节常常互相叫嚷和厮打。春天，母熊通常会在大约9周后产下3～5只幼熊，并且独自照看它们。浣熊妈妈常常靠在树边，一边给小浣熊喂奶，一边给它们轮流梳理体毛。浣熊妈妈除了哺育自己的儿女外，也会照料那些失去父母的"孤儿"。浣熊妈妈带领儿女们外出游玩时，如果遇上敌人袭击，就会像猫一样，把宝宝衔在嘴里逃走，或者是猛击小浣熊的臀部，促使它们赶快爬到树上躲避。一旦被敌害追得走投无路时，母浣熊就会与敌害进行生死搏斗，不惜生命以保护自己儿女的安全。

小浣熊长大一些的时候，浣熊妈妈会把它们领到浅水潭中，学习摸鱼的技巧。有时它们还会像妈妈一样，用脚在浅水里踏一个坑，将鱼赶进去，然后捉鱼吃。小浣熊就是这样慢慢学会捕猎的。

由于浣熊外形十分可爱，既聪明又干净，所以人缘很好。但它们却有些恃宠生娇，不仅敢肆无忌惮地登堂入室，翻箱倒柜找吃的，而且还敢占据家养宠物的窝，甚至在吃饱喝足之后，直接就在地板或家具上排泄，害得闹"浣熊灾"地区的居民们天天召开会议，讨论对策。许多地方的居民忍无可忍，只好请来专业动物师，将这种又可爱又可恶的家伙赶出家门。

白袜子——白肢野牛

中文名：白肢野牛

英文名：Gaur

别称：野牛、野黄牛、亚洲野牛、白袜子

分布区域：中国、印度、东南亚

　　白肢野牛主要产于亚洲南部，我国的西双版纳也产白肢野牛。西双版纳人根据白肢野牛的形貌特征，将它称为"白袜子"，这确是一种通俗、形象的称呼。

　　白肢野牛被公认为是现代牛类中身躯最为魁梧的一种。一头雄性白肢野牛肩高可超过220厘米，一般为190 ~ 220厘米；体长为260 ~ 330米；体重大多在800 ~ 1000千克之间，也有1000千克以上的。而雌性的白肢野牛身躯要小一些。白肢野牛的角也给人以力量感，雌性的白肢野牛角长70厘米左右，两角之间的宽度可超过90厘米，已知的最高记录达110厘米。角基部的周长将近50厘米。整个角形向侧后方弯曲，弯度比较大。雌性白肢野牛的角就小得多了。牛角呈浅绿色，角尖部颜色比较深，接近于黑色。

　　白肢野牛的休毛因性别不同而有所区别。雄性的体毛为黑色或黑褐色，雌性的体毛为深褐色，未成年的白肢野牛体毛颜色要浅一些。但无论性别、长幼，白肢野牛四肢下半部都长着白色的毛。

　　白肢野牛栖息在热带或亚热带森林水草丰茂的地方。它们有垂直迁移的习性，一年三季在海拔1000多米处活动，夏天就移向海拔2000米左右的山林避暑。但具体的牛群却没有固定的居住地点，过着游荡的生活。白肢野牛每天清晨、傍晚出来活动，气温高的中午前后则隐藏在密林中休息或者反刍经过粗嚼存留在胃袋中的食物，它们的食物以野草、树叶、嫩芽为主，但是最喜欢吃的食物还是鲜嫩的竹笋或嫩竹，不论吃什么，它们从来都不细嚼慢咽，而是大量吞食，粗粗地咀嚼一下就储存在蜂巢状的胃袋内，等到休息的时候再反刍到口腔里细细咀嚼，慢慢品味，最后输送到重瓣胃和皱胃里去消化。这两个胃里的丰富的微生物就把这些食物中含的纤维素加以分解，再合成为脂肪酸、蛋白质、维生素等营养物质，这样它便有了魁梧的躯体。

　　白肢野牛喜欢结群生活，每群五六只到二三十头不等。每群都有一头强壮的雌性牛担任领袖，其余雌性牛和幼牛跟随活动。成年雄性牛在一年的大部分时间都独自活动，或者与两三头同性在一起，只有到发情期它们才返回到群体中去。

　　白肢野牛的发情期在每年的11～12月，受孕的雌性牛要经过280天左右的孕期才能生下小宝宝，每胎仅生1仔。野牛妈妈对自己的小宝贝呵护有加，它经常慈爱地亲吻自己的孩子，并不时用舌头舔，为它们清除脏物。野牛妈妈亲吻孩子不只是表现亲热，它同时在给孩子哺喂自己反刍后咀嚼碎了的草

末。因为幼牛的胃里还没有微生物，需要妈妈用这种方式给它输送微生物。初生下来的仔牛并不大，但一个多月后就能长到四五十千克。大约3～4年幼牛就进入成熟期，这时它就必须自己独自去谋生了。

　　"野牛"这个名字听起来让人感到这种动物很"野"，其实白肢野牛并不"野"，它从来不主动进攻人类或其他动物。只有当人类或其他动物伤害它的时候，它才被动反击。白肢野牛的嗅觉很灵敏，在开阔地带，顺风时它能嗅到三四百米以外人的气味，这时它就会远远避开。如果人把野牛惹急了，它就会向人猛冲过来，用它的尖角将人挑起来，狠狠地摔在地下。但是有经验的猎人有办法对付野牛，当野牛冲来时，猎人就迅速平躺在地上，野牛的角就挑不到他了。而且野牛既不会咬人，也不会用它那有力的脚踩人，充其量在猎人身上拉一堆屎、撒一泡尿以示惩罚。野牛也会与人斗智，当人伤害它时，有时它假装逃跑，实际上跑了一段又迂回到路旁的密林中埋伏起来，等人走到埋伏地点附近，它就立即冲过来报仇。

神秘来客——袋狼

中文名：袋狼

英文名：Tasmanian wolf

别称：塔斯马尼亚虎斑马狼、塔斯马尼亚狼

分布区域：新几内亚、澳大利亚

　　袋狼长相奇特，从它的头和牙来看，像一只狼；然而，它身上皮毛又长有像老虎体上那样的条纹；它可以像鬣狗一样用四条腿奔跑，也可以像小袋鼠那样用后腿跳跃行走，它和袋鼠一样同是有袋类动物。因为袋狼具有其他种类动物的特征，却又有着特别的地方，因此，它被人们叫做塔斯马尼亚狼、斑

马狼，有时还被称为塔斯马尼亚虎。

袋狼在食肉有袋类中，个头最大。它的体长100~130厘米，尾长50~65厘米，肩高60厘米，毛色土灰或黄棕色，背部生有14～18条黑色带状斑。毛发短密并十分坚硬，口裂很长，前足5趾，后足4趾。

袋狼曾广泛分布于澳洲大陆及附近岛屿上，栖息于开阔的林地和草原。夜间外出捕食，白天栖身于石砾中。多单独或以家族形式捕食袋鼠类、小型兽类和鸟类。因其口裂很大，捕食动物时常将猎物的头骨咬碎。夏季交配，每胎产3～4仔。幼仔在母兽育儿袋里哺育3个月后可独自活动，但仍待在母兽身边约9个月之久。

袋狼喜欢在树林较为稀疏的地方或草原上生活。然而，随着移居者的到来，它们逐渐躲往森林深处。

猴中"鼻祖"——长鼻猴

中文名：长鼻猴

英文名：Nasalis larvatus

分布区域：东南亚加里曼丹

　　长鼻猴是东南亚加里曼丹特有的珍稀动物。它们的鼻子大得出奇，随着年龄的增长，雄性猴的鼻子越来越大，最后长成像茄子一样的红色大鼻子。它们激动兴奋的时候，大鼻子就会向上挺立或上下摇晃，模样十分有趣。而雌性长鼻猴的鼻子却比较正常。

　　长鼻猴的雄兽还长着一个与众不同的、胀鼓鼓的大肚皮，使得不熟悉长鼻猴特点的人往往将它误认为是即将临产的雌兽。相比之下，长鼻猴的雌兽显得十分纤小，它的体型还不到雄兽的一半，体重仅有11千克，既没有巨大的悬垂状的鼻子，也没有特别膨大的肚子，只是全身上下披着鲜艳的红色体毛，表现出独特的风韵。

　　长鼻猴有着严格的社群制度，每个典型的社会群体中，有1只成年雄兽为首领，与1～8只成年雌兽以及它们的后代共同组成，一般为10～30只，每日在一起生活。不过，时常也可能有部分个体在其他群体附近活动，雌兽还可能为了避免近亲繁殖或者为了能够接近食物更多的地方，在两个社群中游动。在晚上，有时几个社群还会聚集在一起活动、休息或睡觉，这时常常发生相互吵闹，甚至出现斗殴的情况，场面十分热闹。当本社群的个体受到欺

负时，成年雄兽就会通过它的大鼻子向对方发出吼叫，这时鼻子中的气流会使下垂的鼻子鼓胀，并且高高挺起。长鼻猴的社会群体比其他大多数灵长类动物的群体变化的速度要快得多，每过一段时间，一个群体中的成员就将发生一些变化。社会群体成员发生变化的部分原因是由于首领不断驱逐尚未成熟但已能够进行独立生活的年轻雄兽所造成的，这些被逐出群体的年轻雄兽会自发地组成一个新的群体，即"纯雄性群体"，它们中间的一只年龄较大但仍未成年的雄兽为首领，加上十多只年龄相差不多的年轻雄兽组成，有时会被人们误认为一个新的社会群体，但事实上，这种"纯雄性群体"是极不稳定的，其成员几乎每天都在变更，不仅常常有新的年轻雄兽因被逐出社会群体而加入进来，而且有些还进入到其他的社会群体中，通过竞争，取代原来的首领。每只"纯雄性群体"中的年轻雄兽一旦成熟，就会向社会群体中的首领进行挑战，发生激烈的搏斗，如果搏斗获胜，就会产生出新的首领，它将接管这一社群的雌兽和其他成员。但是，如果社群中的雌兽不喜欢新的首领，它们也可能会加入到别的社群中去。有时还会发生一种奇怪的现象，有些雌兽会在哺育幼仔的时期离开它们原来的社会群体，加入到"纯雄性群体"中，数周之后，再转到其他社群。人们对长鼻猴这种行为的动机目前还不十分清楚。

推测的原因是，新的首领取代原来社会群体中的首领后，就会占有这个群体，为了除掉原来的竞争对手的后代，它就会杀死这个社群中的所有幼仔。此时，雌兽会极力保护自己的幼仔，但面对身强体壮的新首领，与之相争往往是十分困难的。在这种形势下，雌兽只能或者接受这种无法躲避的残酷现实，或者离开这个社会群体，冒险加入一个新的社会群体，同担任首领的另一只陌生的雄兽生活在一起，但也许会有同样的遭遇。较为安全的选择，就是带着自己的幼仔先到"纯雄性群体"中，与年轻的雄兽们暂时生活在一起，因为这个临时群体中的雄兽们还没有完全成年，对雌兽还构不成威胁，但这仅仅是权宜之计而已。

在世界上，长鼻猴仅产于亚洲东南部的加里曼丹岛，过去这个地方被称为婆罗洲，现在其北部为文莱和马来西亚的沙捞越、沙巴，南部是印度尼西亚的一个部分。这里天气炎热，气候干燥，土地贫瘠，而且经常有蚊子、白蛉骚扰，生存环境并不理想。不过长鼻猴对于它唯一的家园情有独钟，尤其喜欢栖息于生长着红树林、水椰林和棕榈林的沿海或河边沼泽附近的森林中，因为这里的食物比岛上其他森林多。同其他猴类一样，它也是一种群居的动物，昼行性，活动范围在9平方千米左右。每天清晨，长鼻猴就在林中的树梢上晒太阳，然后在水边附近活动，采摘各种水生植物的嫩芽、嫩叶或少量果实为食，它尤其爱吃一种名为海桑的植物，午后大多躲藏在树荫下乘凉。群体中的成员也常常打闹、嬉戏，特别是在黄昏前，常从四面八方向水边一带移动，并且发出尖叫、怒吼、呼噜、呻吟等各种各样的怪叫声，以及从一棵树向另一棵树腾跃的响声。晚上，长鼻猴就在沿河的树上歇息。有时，人们

可以看到，在河边几百米长的林带树上，有好几群聚集在一起睡觉的长鼻猴。长鼻猴还是游泳的好手，能够泅渡较大的河流。在海边的浅水地带，它能够伸开双臂涉水而行。

第四章

森林中的"土行孙"

土行孙是神魔小说《封神演义》中的人物，它身材矮小，本领高强，以遁地术称雄诸神，在森林中也生活着很多有这样本领的动物，它们营穴生活，保护自己避免一切外来侵害，同时它们也在洞穴中繁殖后代。在本章中你将会领略到森林中"土行孙"的无限风采。

"洞"中精灵——鼠兔

中文名：鼠兔

英文名：pika

分布区域：亚洲、北美洲西部和欧洲

鼠兔是一类体型小、外形呈卵形的兔形目动物。它们的耳朵相对大而圆，四肢短，尾巴短得几乎看不到。它们活泼而又敏捷，经常在岩石上或者高山草甸里蜷起身子坐着，长而光滑的皮毛使它们看起来像个绒毛球。

鼠兔的英文名"pika"，这个单词来自于西伯利亚的通古斯人所使用的试

图模拟其叫声的一个方言词。迄今为止，大多数的鼠兔只栖息于高而偏远的山上或者荒野地区，成为尚未开发的大自然的象征。

鼠兔一般在白天活动，只有小鼠兔在夜晚活动。它们并不冬眠，对它们所栖息的寒冷的高山环境适应良好。生活在高海拔地区的美洲鼠兔能够整天都活动，而生活在低海拔(在那里它们的体温比较高)地区的仅在黎明或者黄昏从它们的藏身处出来活动；喜马拉雅诸种也表现出这种倾向。灰鼠兔在早晨和晚上活动，而火耳鼠生活在较凉爽的海拔4000米以上的地区。

鼠兔或生活在岩石间，或在开阔的草地、大草原中挖掘洞穴。阿富汗鼠兔和中亚鼠兔处于使用洞穴和不使用洞穴之间，但是它们的生命历程与那些挖掘洞穴的鼠兔十分相近。几乎在生物学上的每一个方面都可以把鼠兔明确地划分为岩栖类和打洞类。岩栖鼠兔的繁殖率很低，每窝产崽少，而每年又只产很少的几窝。例如，大多数的美洲鼠兔每年大约只有1窝的2只幼崽能够成功地活到断奶。与此相反，打洞鼠兔的雌性堪称产崽"机器"——有些品种每年可产多达5胎，每胎最高可达13只幼崽。

尽管鼠兔偏爱那些蛋白质或者其他重要的化学物质含量高的植物，但也能够利用它们洞穴附近或者它们布满碎石的岩质领地边缘的任何可用的植物。它们不能用前爪抓住植物，于是它们只好把颌部从一边移动到另一边吃草类、叶类以及开花的茎秆。在夏天和秋天，大多数的种类会花相当多的时间一口一口地采集植物，带到洞穴里去储存起来以供冬天食用。美洲鼠兔可能会拿出它们30%的活动时间来采集干草，口中衔满植物来来回回地奔波。干草堆极少用尽，因为鼠兔倾向于超量搜集，因此洞穴中往往有前一年留下来的类似垃圾堆的干草。

在冬天，鼠兔也会在雪中挖掘隧道以采集附近的植物。某些种类，例如灰鼠兔、火耳鼠兔以及黑唇鼠兔，生活在冬雪罕见的地方，因此它们并不储存干草堆，相反它们在整个冬天都会寻食。

鼠兔产生两种不同的粪便：一种是小球形的，类似于胡椒子；另一种是暗绿色的、黏滞的软性排泄物。这种软性的粪便具有很高的能量价值(特别是维生素B)，鼠兔会把它们直接从肛门处取来或者在排泄之后取来进行重新消化。

岩栖鼠兔与打洞鼠兔之间的区别在于它们的社会行为。岩栖鼠兔领地比较大，而且会进行保卫，不论是单独的个体(北美诸种)还是成对生活的(亚洲诸种)。这导致其种群密度较低(每平方千米200～1000只)，并且随着时间的变动而保持相对稳定。岩栖鼠兔极少发生互动，除非是击退一个侵入的邻居。即便是分享同一个干草堆的亚洲诸种也是单独度过一天的大部分时间。然而，这些明显缺乏社会活动的表现会在某种程度上对人起到误导作用，因为这些动物清楚地知道岩屑堆另一边所发生的事情。

与此形成强烈对比的是，打洞的鼠兔是社会性最强的哺乳动物中的一类。其群体占有公共的巢穴，而在繁殖季节的末期，当地的密度每平方千米能超过3万只——尽管这些数字会大范围地波动，无论是季节性的还是年度性的。在繁殖季节，群体由许多年龄不同的"兄弟姐妹"组成，而社会性的互动发生得更为频繁，可能1分钟1次。

鼠兔们会紧挨着坐在一起，摩擦鼻子，交际性地修饰皮毛，或者一起玩耍打闹。幼崽会在成年者的后面排成队——通常是它们的父亲，就像一列微缩的火车一样。几乎所有这些友好的社会互动都发生在同一个群体内部，而涉及来自于其他群体的鼠兔的互动则通常是敌对性的，大部分是成年雄性之间的显而易见的长距离追逐。

岩栖鼠兔和打洞鼠兔之间的交流方式也不相同。大多数的岩栖鼠兔只有两种特别的叫声：一种短叫声，用以宣示它们在某个岩屑堆上的存在，或者用以警告其他个体有捕食者正在接近；一种长叫声，由成年的雄性在繁殖季节发出。某些岩栖种(例如火耳鼠兔和灰鼠兔)甚至连极弱的声音也极少发出。打洞鼠兔则拥有多变的叫声，包括警告捕食者来了的叫声(短、柔且快速重复)、长叫声(由雄性成体发出)，还有哀鸣声、颤鸣声、抑鸣声以及变调声，最后这两种通常由幼年的鼠兔发出，用以增进同胞之间的凝聚力。

打洞鼠兔还有一种不平常而又灵活多变的交配制度。在黑唇鼠兔相互毗连的洞穴里，能同时观察到一雄一雌、一雄多雌、一雌多雄以及多雄多雌制，诸种成体结合方式并行不悖。

神秘"间谍"——鼹鼠

中文名：鼹鼠
英文名：mole
别称：地爬子
分布区域：欧洲、亚洲、北美洲

　　鼹鼠长有棕褐色的毛，细密柔软，并具有光泽，非常惹人喜爱。由于它善于打洞，因此被人称为"间谍"。鼹鼠除了以昆虫为食外，也捕食蚯蚓、蛞蝓、两栖类、爬行类、小鸟等动物。鼹鼠的种类繁多，产于欧洲和亚洲的叫欧鼹，产于中国的内蒙古、东北等地的叫麝鼹，又称为"地爬子"。

　　鼹鼠喜欢在地下掘土生活。它的身体特征完全适应地下生活。它的前脚大而向外翻，并长有有力的爪子，像两只铲子；鼹鼠身体矮胖，外形像鼠，耳小或完全退化，头紧接肩膀，整体看起来似乎没有脖子，整个骨架又矮又扁，跟掘土机很相似。鼹鼠多栖息于海拔1500米以下的山间盆地、河谷地、丘陵缓坡的常绿阔叶林、稀疏灌丛林、农耕地和菜园地附近。营地下洞穴生活，主要以地下昆虫及其幼虫为食。

　　鼹鼠是哺乳类动物，毛呈黑褐色，嘴尖，眼小，前肢发达，脚掌向外翻，有利爪，适于掘土，后肢细小，白天住在土里，夜晚出来捕食昆虫，也吃农作物的根。它的尾小而有力，耳朵没有外廓，身上生有密短柔滑的黑褐色绒毛，毛尖不固定于某个方向。这些特点都非常适合它在狭长的隧道中自由地奔来奔去。它的隧道四通八达，里面非常潮湿，很容易孳生蚯蚓、蜗牛等虫

类，这方便它在地下"餐厅"进餐。

　　成年后的鼹鼠，眼睛深陷在皮肤下面，视力完全退化，由于不经常见阳光，很不习惯阳光直接照射，一旦长时间接触阳光，它的中枢神经就会混乱，各器官失调，以至于死亡。遇到危险时以尖叫震慑敌人，然后伺机逃脱。鼹鼠的叫声似蝉鸣又似鸟鸣。

　　由于鼹鼠喜好挖洞，也会伤害农作物，因此对于农业来说极为有害，故为害兽。但从生物链的角度来看，鼹鼠能够起到维持生态平衡的作用，有一定的利用价值。

跳远冠军——袋鼠

中文名：袋鼠

英文名：kangaroo

分布区域：澳大利亚大陆、巴布亚新几内亚

　　距今2500万年前，袋鼠就已经出现在澳大利亚了，它是世界上最古老的动物之一。袋鼠的头很小，长得像鹿头，耳朵和眼睛很大。它的上颌长有6颗门牙，下颌长有2颗门牙，向外突出。袋鼠看似温文尔雅，实则强悍好斗，澳大利亚人非常喜欢这种可爱的动物，在其他国家，袋鼠也倍受青睐。

　　袋鼠作为优雅与力量的象征，成为澳大利亚国徽上一个重要的标志。此外，大袋鼠的形象被作为商标在澳大利亚出现也是人们司空见惯的事。

　　大袋鼠有着异常惊人的奔跑速度。最快时可以达到每小时65千米，就像一辆中速行驶的汽车。大袋鼠的后肢非常发达，善于跳跃。它们一跳能达2～3米高，6～8米远，是一位不折不扣的跳远高手。

　　袋鼠长相奇特，前肢特别短，后肢特别长，就好像一个滑稽演员。当袋鼠的四肢着地慢行时，总会给人一种不协调的感觉。但是当它们奔跑时，前肢缩起，后肢强有力地跳跃，既迅速又自然。这种结构可以使它们能高能低，根据需要随意地调整体态。由于其后肢细长，有非常发达的韧带与弹力，所以它们具有非凡的跳跃能力。

　　袋鼠的尾巴是一种强有力的工具，平时可以为袋鼠提供支架，与后肢一起支撑身体，形成一个三角形，"坐"着非常稳定，就像一把能随身携带的椅

子。奔跑时，尾巴还可以起到改变奔跑方向以及保持身体平衡的作用。

袋鼠是食草动物，吃多种植物，有的还吃真菌类。它们大多在夜间活动，但也有些在清晨或傍晚活动。不同种类的袋鼠生活在各种不同的自然环境中。比如，波多罗伊德袋鼠会给自己做巢，而树袋鼠则生活在树丛中。大种袋鼠喜欢以树、洞穴和岩石裂缝作为遮蔽物。

袋鼠每年生殖1～2次，在受精30～40天小袋鼠就会出生，刚出生的袋鼠个头非常小，没有视力，少毛，生下后需要立即存放在袋鼠妈妈的保育袋内。直到6～7个月才开始短时间地离开保育袋学习生活。1年后才能正式断奶，离开保育袋，但仍在袋鼠妈妈的附近活动，以便随时获取帮助和保护。袋鼠妈妈可以同时拥有3只小袋鼠：1只在袋外，1只在袋内，另外1只待产。

小袋鼠出生4个月后，全身的毛就长齐了，背部呈黑灰色，腹部为浅灰色，非常漂亮。5个月时，小袋鼠就会悄悄探出头来，母袋鼠就会把它的头按回袋里。小袋鼠变得越来越调皮，它的头被按下去后，腿又会伸出来，有时它还把小尾巴拖在袋口外边。有时候，这么大的小袋鼠也会在育儿袋里拉屎撒尿，母袋鼠就得经常"打扫"育儿袋的卫生：它用前肢把袋口撑开，用舌头仔仔细细地把袋里袋外舔个干净。小袋鼠在育儿袋里长到7个月以后，开始跳出袋外来活动。可一旦受惊吓，它会很快钻回到育儿袋里去。这时候的育儿袋也变得像橡皮袋似的，有很强的弹性，能拉开、合拢，小袋鼠进进出出非常方便。

当育儿袋里再也容纳不下小袋鼠时，它只好搬到袋外来住。但它仍然会把头钻到育儿袋里去吃奶。3～4年后，袋鼠才能发育成熟，成为身高160厘米、体重达100多千克的大袋鼠。此时，它的体力就发展到了顶点，每小时它能跳走65千米，大尾巴一扫，就可以致人于死地。

袋鼠胆小机警，有灵敏的视觉、听觉、嗅觉。稍有异常声响，它们那对长长的大耳朵就可以听到，便于迅速逃离险境。当碰到非常强大的对手实在难以脱身时，聪明的袋鼠会突然转过身，迅速地绕过敌人，向反方向逃跑，袋鼠这种大胆的举动常常令追击者目瞪口呆。而此刻，袋鼠早已跳到远处去了。

臭气专家——臭鼬

中文名：臭鼬

英文名：Skunk

分布区域：加拿大南部、美国和墨西哥北部

臭鼬能释放一种刺激性的气味，至少人类的鼻子闻起来非常难受，不过，这种气味对它们自己却是无害的。臭鼬是一类主要靠化学物质来保护自己的哺乳动物，这在哺乳动物中是不多见的。

臭鼬有黑白分明的皮毛样式，是一种警戒色，可以起到恐吓敌人的作用。当臭鼬受到威胁的时候，就翘起尾巴，抬起后腿，发出尖锐的吡吡声，甚至用前腿支撑身体倒立起来，吓唬攻击者使之知难而退。如果这些招术失灵的话，臭鼬就会使出"杀手锏"，释放一种混合了多种化学物质的气体，足以使得攻击者无法对它们下手。这种气体包含硫、丁烷和甲烷等化合物，气味有较强的刺激性。

正常情况下，臭鼬能在2米范围内释放臭气攻击目标，但是在顺风的情况下，人最远能够在1000米的距离内分辨出这种气味。臭鼬释放的气体能导致人情绪的极大波动，如果气体进入眼内，还能导致短暂的失明。在臭鼬的肛门两侧各有一个腺体，呈乳突状，臭气就储存在这两个腺体中，并且腺体侧面有肌肉，可以加强释放的力度。如果腺体内存满气体，可以释放5～6次，但是一旦释放完，需要48个小时才能补充上。

从体型上说，臭鼬介于鼬类和獾类之间。臭鼬前掌上有长长的爪，可以

用来捕捉猎物，或者挖掘洞穴，以便平时休息、冬天蛰伏、生育和喂养幼崽。

　　臭鼬科的所有物种都非常善于挖洞和捕捉各种老鼠。昆虫和啮齿动物是它们的主食，有时它们也会吃一些地下的虫卵。蛙类、蝾螈、蛇类和各种鸟卵是臭鼬喜爱的食物，有时它们还会"光顾"腐肉和人类丢弃的垃圾。臭鼬捕食猎物主要靠听觉和嗅觉，它们的视力很差，3米外的一些细微物就看不清楚了。在北方高纬度地区，臭鼬是要冬眠的，因此，在夏末和整个秋季，必须要吃大量的食物，在体内储存足量的脂肪，以备冬眠和春天抚育幼崽之用。

　　臭鼬在它们生命的大部分时间里都是独自生活的。在北方地区的冬季，可能有很多只臭鼬共同栖身于一个洞穴中，有时可以达到20只。有代表性的是，一只成年雄性与几只成年雌性共同栖居于一个洞穴中，时间可能长达6个月。母臭鼬一般在晚春分娩，分娩之后栖居于一起的成年臭鼬又重新单独生活。将要进入3月的时候，母臭鼬就要开始准备分娩和哺育幼崽的洞穴。普通臭鼬通常在5月中旬分娩，一直到6月末，幼崽都要靠母臭鼬照料。8月，幼崽在体型上就能达到成年的状态，然后开始离开母臭鼬，各自过独立的生活。雌性臭鼬大多数占有的领地为2～4平方千米，而且大部分领地与其他雌性的

领地重合。雄性臭鼬的领地则要大很多，超过20平方千米，而且也与其他雄性的领地重合。一般来说，雄性是不负责照料幼崽的，而且可能还会杀死幼崽，因此，母臭鼬会警惕地保护幼崽所在的洞穴，严防雄性臭鼬的进入。

多面手——金花鼠

中文名：金花鼠
别称：花栗鼠
分布区域：亚洲东北部、韩国、日本北海道

　　金花鼠在松鼠家族中个头最小。它既会爬树又会挖洞，但大部分时间它喜欢在地面活动。它背上有5条明显的黑色纵纹。金花鼠嗅觉灵敏，极爱干净，总是不停地修饰自己。除了清理皮毛中的灰尘外，它还能寻找隐匿其中的寄生虫。金花鼠一生都在不停地扩展自己的地下洞穴，它挖掘的隧道最长可达10米。

　　如果遇到可怕的敌人，金花鼠就会钻进长隧道里，并发出像口哨似的声音或喉咙会"咔咔"作响，以此来通知伙伴危险来了。在寒冷的冬季，金花鼠会在洞穴中蒙头大睡，这并非真正的冬眠，因为它必须"起床"进食补充身体所需要的能量。

　　金花鼠的脸颊富有弹性，就像袋子一样，里面的容量大得惊人。金花鼠在吃饱之后，还会把7～8颗橡子储存在脸颊里，以便回洞穴后继续享用。当冬天来临时，在树下觅食的金花鼠就少了，它们多数时间待在自己的洞穴里。

　　金花鼠的家庭观念很淡薄，它们各自拥有一套结构复杂的地下宫殿，既有出口、入口，还有舒适的卧室以及两间以上的储藏室。

　　金花鼠在每年的4～5月进行繁殖，每次可产4～5只小鼠。一般来说，正常的小鼠(不论公母)3个月后即为成鼠，也就到了性成熟期。不过以母鼠来

说，最好是等到5～6个月时再生育，这样母鼠的身体、稳定性都到达了一个程度，生出来的小鼠鼠也会比较健康，母鼠的身体也会复原的比较好。幼鼠出生以后。雌鼠仔细地照料它们，5周之后，它们才能离开黑暗的"家"，来到地面上活动。之后它们还要在妈妈的照料下生活1～2周，然后去寻找属于自己的领地，为自己挖出一个洞穴，并开始为过冬储存食物。

受宠王妃——黑叶猴

中文名：黑叶猴

英文名：Francois＇s Leaf Monkey

别称：乌猿

分布区域：中国的广西、贵州

　　黑叶猴在我国叶猴中最为常见，深受人们的喜爱。它的体型很瘦，头部较小，尾巴和四肢细长，体长48～64厘米，尾长80～90厘米，体重8～10千克。它的头顶有一撮竖直立起的黑色冠毛，枕部有2个毛旋，眼睛呈黑色，两颊从耳尖至嘴角处各有一道白毛，形状好似两撇白色的胡须，十分有趣。全身包括手脚的体毛均为黑色，背部较腹面长而浓密，所以又被叫做乌猿。臀部的胼胝比较大，尾端有时呈白色。雌兽在会阴区至腹股沟的内侧有一块略呈三角形的花白色斑，使之成为区别雄兽和雌兽的主要特征之一。此外，在黑叶猴的产地，也曾多次发现全身为银白色或者身上长有白色斑块的变异个体，这在灵长目动物中，是极其少见的。

　　黑叶猴喜欢栖息在热带、亚热带森林繁茂、灌木丛生、山势险峻、岩洞较多的石灰岩地区，生活在分布区北部的黑叶猴体毛又长又密，到了冬季在皮下聚积有较厚的脂肪，因此具有较强的抗寒性。

　　黑叶猴主要以植物性食物为食。它们很少下地喝水，多饮露水和叶子上的积水。有人认为它仅以嫩叶为食，所以称它们为叶猴。事实上，它不仅采食嫩叶，也吃嫩芽、茎、花、果实和种子等，它喜欢吃木棉、无根藤、莴苣

笋、女贞、沙梨、荔枝等20多种植物。由于胃中有3个室，树叶被嚼碎后在第一室中通过细菌的帮助而被溶解，在第二室中搅拌成糊状后再送到第三室中，这样硬度较大的树叶就可以被彻底地消化了。

　　黑叶猴喜欢群居生活，每个群一般有3～10只个体成员，较大的黑叶猴群体有20只左右。有一定的活动规律和较为固定的住所，活动范围大约为3～5平方千米。黑叶猴行动敏捷、轻盈，善于攀登、跳跃，早晨和傍晚尤为活跃，夜间在悬崖峭壁间的天然岩洞内栖息。它的警惕性很高，每天黄昏进洞之前，群体中担任首领的雄兽就会率先入洞观察，没有发现异常时，其他成员才依次而入，最后进洞的是怀孕和带有幼仔的雌兽。

变色兔——雪兔

中文名：雪兔

英文名：moutain hare

别称：白兔、变色兔、蓝兔

分布区域：欧洲北部、中国、俄罗斯、日本、蒙古等地

雪兔是我国唯一会变色的野兔。为了适应冬季严寒的雪地生活环境，雪兔在冬天毛色变白，直到毛的根部；耳尖和眼圈黑褐色；前后脚掌淡黄色；夏天毛色变深，多呈赤褐色。

雪兔栖息于寒温带或亚寒带针叶林区的沼泽地的边缘、河谷的芦苇丛、柳树丛中及白杨林中，是寒带和亚寒带森林的代表性动物之一。除发情期外，一般均为单独活动。

雪兔在灌丛、凹地和倒木下的简单洞穴中铺上枯枝落叶和自己脱落的毛，白天，雪兔就隐藏在里面。清晨、黄昏及夜里，雪兔就会出来活动，它们的巢穴并不固定，故有"狡兔三窟"的说法。它从不沿自己的足迹活动，总是迂回绕道进窝，接近窝边时，先绕着圈子走，观察细听，然后慢慢地退着进窝。雪兔性情狡猾机警，行动没有一定规律，活动时通常先耸耳静听以决定去向，离窝前会制造假象迷惑天敌，以免兔窝被天敌发现。它的嗅觉十分灵敏，巢穴通常都在略微通风的地方，睡觉时鼻子朝上，以便随时嗅到随风飘来的天敌气味，两只耳朵也警惕地倾听任何一点异常的声音。冬季降大雪后，它就会挖一些1米多深的洞穴，在里面居住，并且在雪地上形成纵横交错的跑

道。如果遇到危险，它的两眼就会圆睁，耳朵紧贴在背上，呈低蹲伏，常常由于具有一身与环境相仿的保护色而躲过天敌的袭击。

雪兔跳跃和爬山的本领都很高强，也适于在雪地上行走，平时活动时多为缓慢跳跃，受惊时就会一跃而起，以迅雷不及掩耳的速度飞驰而去，顷刻间消失得无影无踪。它在快跑时一跃可达3米多远，时速为50千米左右，是世界上跑得最快的野生动物之一。跑动之中常常腾空而起，高达1米以上，以便观察周围的动静，确定逃跑的方向。在奔跑时，它会突然止步，急转弯或跑回头路以便摆脱天敌的追击。

雪兔以草本植物及树木的嫩枝、嫩叶为食，是典型的食草动物。冬季来临时，它还会啃食树皮。取食的时候细嚼慢咽，一般不喝水。它的粪便有两种，一种是圆形的硬粪便，是一边吃草一边排出的；另一种是由盲肠富集了大量维生素和蛋白质，由胶膜裹着的软粪便，常常在休息时排出，这时它就将嘴伸到尾下接住粪便，重新吃掉，对其中比普通粪便中多4～5倍的维生素和蛋白质等营养物质加以充分利用。正是因为具有这种双重消化的功能，雪兔才能忍饥挨饿，隐藏起来躲避恶劣的自然环境和天敌的侵袭。

雪原精灵——紫貂

中文名：紫貂

英文名：sable

别称：松貂、貂鼠、赤貂、黑貂、青门貂

分布区域：中国、俄罗斯、朝鲜等地

紫貂属哺乳纲，为国家一级保护动物，可人工驯养、繁殖。俗话说东北有三宝：人参、貂皮、乌拉草，其中的貂皮又以紫貂皮最为名贵。

紫貂分布在中国东北和新疆北部、内蒙古地区，俄罗斯的西伯利亚及朝鲜半岛等地。白天它们栖息在针叶林或针阔混交林中，一般在夜晚较为活跃。与许多其他陆生动物不同的是，紫貂习惯于将洞口朝向水域，在江边湖畔筑穴居住。它们不仅可以在地面生活，还可以潜水。

紫貂的身躯细长，耳朵很大，略呈三角形，喉部有大小不等的灰褐色或橙黄色喉斑，尾较短，尾毛蓬松呈帚状，四肢短健，全身毛色棕褐色或黑褐色。紫貂细而弯曲的爪异常尖利，便于攀爬。它发达的尖齿、灵活的腰身为它捕食提供了便利。

紫貂在水里潜泳时，水珠丝毫也不能浸透它的皮毛。它上岸后抖去身上的水珠，身体又恢复了光洁柔软。但是谁也不会想到这样光洁可爱的紫貂，性情却非常孤僻残暴。它不仅捕食较小的动物，而且能捕捉、杀死野兔和松鼠等比它大的动物，甚至敢于向麝、獐等巨型草食动物发动进攻。紫貂属于杂食性动物，松鼠、老鼠、小鸟、蛙、蛇、鸟卵都是它的食物，它还吃鱼类、

松子、浆果等。紫貂喜欢独居，只有在雌雄交配和抚育后代的一段时间群居在一起。两只雄貂只要相遇，彼此间就会进行一场激烈的争斗。

　　紫貂最值得一提的是它的理家本领。紫貂的家一般布置得非常讲究：一间专门的卫生间；一间卧室，地上铺有干草、羽毛；一间储藏室，里面储藏着它在树上采摘的松子、浆果以及从水里捕获的鱼，还有老鼠、野兔等。冬天到来，紫貂才会到仓库里去取食。为了防止食物放久了会腐烂，紫貂还会在天气好的时候把食物搬到树上风干，然后再分门别类地放回去，这不仅显示了紫貂持家有方，还表现出了紫貂的智慧。

　　紫貂同其他毛皮兽类一样，每年换两次毛，夏天穿上稀疏的短毛，而冬天则换上浓密的"冬装"，这很好地适应了"季节"的变化。

　　冬天里紫貂毛发浓厚、温顺柔软，保暖性极好，所以人们将它的毛皮作为重要的制衣材料。但是紫貂的数量有限，为了满足人类的需要，同时又不破坏紫貂在自然界中的平衡，许多国家尝试人工驯养、繁殖紫貂。

长鼻怪物——象鼩

中文名：象鼩

英文名：elephant shrew

别称：跳鼩

分布区域：非洲

象鼩广泛分布于非洲，占据着非常多样的栖息地。例如，跳鼩的分布地区就包括非洲西南部的纳米布沙漠，也包括位于南非开普省的环境严酷的多刺疏林，而两个岩栖种——裸尾象鼩和岩象鼩的分布，在很大程度上局限于非洲南部的岩质出露层和漂石地。象鼩属的大多数种类生活在非洲南部和东部巨大的大草原和稀树草原中。长鼻跳鼩属的3个体型大的种和四趾岩跳鼩的分布局限于非洲中部和东部的低地森林与山区森林，以及与之相连的灌木丛。普通象鼩则发现于非洲最西北的半干旱山区栖息地，与其他所有的象目物种被撒哈拉沙漠分隔开。但在非洲西部没有发现象鼩，这种情况一直没有弄明白原因。

没有哪个地方能常见到象鼩，尽管它们高度陆栖，大部分在白天或夜间于地面上活动，却常常能躲过人们的视线，因为它们行动迅速而又行踪诡秘。

象鼩经常花费高达80%的活动时间搜寻无脊椎动物作为猎物。它们把长而柔韧的鼻子当做探针，在森林地面上的叶层里搜寻无脊椎动物(与长鼻浣熊或者猪的觅食方式类似)。长鼻跳鼩还用它们的前爪在土壤里挖掘出圆锥形的

小孔洞。它们重要的猎物包括甲虫、蜈蚣、白蚁、蜘蛛以及蚯蚓。软毛象鼩
亚科诸种通常从叶子、小树枝以及土壤的表面上收集小的无脊椎动物(特别是
白蚁和蚂蚁),但是也吃植物性食物,特别是小而富含果肉的果类和种子。所
有的象鼩都有长长的舌头,可以伸到它们鼻尖以外很远的地方,用于把小的
食物轻弹进嘴里。

各种象鼩看起来不尽相同,生活在各不相同的栖息地,但是它们都有相
似的繁殖方式。黄臀长鼻跳鼩、四趾岩跳鼩、跳鼩、赤象鼩以及岩象鼩都是
一雄一雌配对生活,但是配偶之间好像并没有太多的互动。

生活在肯尼亚长有茂密树林的大草原中的赤象鼩以一雄一雌配对的方式
分布,它们的领地大小从1600～4500平方米不等。同样的模式也在栖息于
肯尼亚沿海森林的黄臀长鼻跳鼩身上得到了证实,不过它们的领地面积更大,
平均为0.017平方千米。

珍稀银鼠——伶鼬

中文名：伶鼬

英文名：Mustela nivalis

别称：银鼠、白鼠、倭伶鼬

分布区域：中国、俄罗斯、阿富汗、蒙古、朝鲜、日本

伶鼬体长14 ~ 21厘米，尾长3 ~ 7厘米，体重50 ~ 130克。伶鼬的耳朵很小；被毛短而致密；四肢也很短小，跖行性，足掌被短毛，趾、掌垫隐藏在毛中。前后肢均长有五趾，爪稍曲且纤细，很尖锐。前肢腕部生有数根向外的白色长毛。雄兽阴茎骨先端呈钩状弯曲。尾很短，约有体长的1/5。

夏季时，伶鼬的毛色从身体背面自上唇向后颈体侧、直至尾端及四肢外侧都为咖啡色。腹面从喉、颈侧到腹部是白色。背面和腹面之间有明显的分界线，足背杂生白毛。冬季时，伶鼬全身的背毛均为白色。嘴角没有棕色斑点，尾尖有时略暗。

伶鼬的头骨小而狭长；吻部很短；颊齿间宽略等于眶间宽；鼻骨呈三角形，末端止于额骨前缘；眶后突较为明显，呈三角形；颧弓细弱；颅宽略大于后头宽；矢状嵴和人字嵴明显；眶前孔稍大；长有较大的听泡，呈扁长圆形；下颌微曲，角突极小，冠状突形似三角。

伶鼬生活在山地针阔叶混交林、针叶林、林缘灌丛等地带。它们通常单独活动。白天觅食，有时夜晚也出来活动。它们的猎食区域一般比较固定。常霸占小型啮齿动物的巢为窝，有时也利用倒木、岩洞、草丛和土穴等作为

隐蔽场所。它们行动迅速、敏捷，视觉、听觉和嗅觉都非常灵敏。 伶鼬以小型啮齿类动物为主要食物，有时也吃小鸟、蛙类及昆虫。

　　早春是伶鼬发情交配的季节。雌性伶鼬的怀孕期为35 ~ 37天，每胎产3 ~ 7仔，哺乳期为50天。4个月后，伶鼬就可以达到性成熟，寿命高达10年。

挖洞冠军——衣囊鼠

中文名：衣囊鼠

分布区域：世界各地

衣囊鼠是世界上7组或者8组大部分时间生活在地下洞穴里的啮齿动物中的一组。

衣囊鼠的名字来源于它们的皮毛颊囊，这个颊囊起到了内置口袋的作用，可以用来储存食物，也可以放置筑巢用的材料。与仓鼠和松鼠不一样，衣囊鼠的袋子向外，位于嘴角的任意一侧。这种特征，只有哺乳动物中它们的近亲才有。尽管它们所有种类的身体结构和生活周期都是相似的，都很好地适应了挖洞的生活，但它们之间还是有着相当大的区别，出现了多样性分化。

衣囊鼠天生适合挖掘，它们有粗短、管状的身体，几乎看不出有脖子。前肢和后肢几乎同样短小而有力，近乎光秃秃的短小的尾巴对触觉特别敏感。

它们的上门齿突出于嘴唇之外，可以用来挖洞或切割植物根部而不会有泥土进入。但在某些属中，挖掘时通常用前脚上的长爪，门齿只起辅助的作用。不过在堆土鼠属中，那些在硬土中生存的种群更倾向于有更多前突的门齿，用来挖掘。所有的衣囊鼠都通过前脚、胸膛、下颌的快速活动把洞穴里的土推出去，或用土来堵好洞的入口，因而新的衣囊鼠洞穴可以通过有特征的三角形形状、洞穴顶的圆土墩来辨别。

衣囊鼠的皮肤很松弛，通常被短而厚的软毛覆盖着，零零散散地分散着一些绒毛，对触摸很敏感。很多热带种类的皮毛比较粗糙且稀疏，可能是为

了适应温暖的气候。松弛的皮肤使得它们在紧凑的洞穴里转动比较困难，但衣囊鼠很灵活而且行动出奇地迅速，主要是靠其强壮的腿很快地向前或向后移动。

衣囊鼠的头骨大且结实，还有脊状的、弓形的颧骨，头骨中有相当大的一块区域控制强健的肌肉。上门齿的表面可能是平的或者有凹槽，这取决于它们的种类。上下颌的左右两边各有4颗白齿，可以磨碎坚硬的食物。这些牙齿强壮有力，而且是一直生长的，所以从最年轻的到最老的衣囊鼠的牙齿都一直有磨损面。勃氏堆土鼠的牙齿和前爪每天的生长速度可达到0.5～1毫米。

衣囊鼠的雄性比雌性要大，但是这种二态性的程度会随地域而变化。在勃氏堆土鼠中，这种情况取决于栖息地的质量，因而也取决于种群的密度。在高质量的栖息地中，例如农田里，雄鼠的体型大概是雌鼠的两倍，头骨则比母鼠大出25％；但在一些环境差的地方，像沙漠，这种不同可以分别缩小到6％～15％。这种变化一是由食物里可以吸收的营养物质造成的，如果不同性别的个体可以吃得很好的话，都可以长得很大；二是当它们达到性成熟的时候，雌性的生长就结束了，把能量开始转向生养幼鼠，而雄性则不然。

衣囊鼠比其他地下生活的啮齿目各组有着更久的化石记录，分类也更多样化。所有的属和种是连续分布的，除了有非常狭窄的重叠带外(只有1种衣囊鼠能在各种特定区域出现)，不同的种类明显不能共享它们占领的地下空间(适于掘地的小生境)，虽然在一些地区几个种属会相遇，不同种属呈镶嵌状分布。比如在美国西部和墨西哥西部的山脉中，衣囊鼠不同种类连续地根据海拔替换彼此的领地。

实际上在所有连续的适于挖掘的栖息地中，衣囊鼠普遍存在。它们的栖息地可能在极端地带，比如勃氏堆土鼠栖息于从海拔0米以下的沙漠土层到海拔3500米高于树带线的高山草场；同种在热带地区的种群，能够在山林草场或在干旱的热带丛林地栖息，一些种类甚至横跨热带的稀树大草原。

植物是衣囊鼠的主要食物。在地面以上，衣囊鼠在洞口周围吃容易获取的多叶植物，在地下则吞咽多水分的根和块茎。它们喜欢非禾本草本植物和草类，但它们的食物种类也季节性地根据营养和水分的需要以及是否容易获得而改变。在夏季的沙漠里，充满水分的仙人掌也是它们的重要食物。为把食物转移到洞穴内的储藏室中，衣囊鼠能熟练地用前爪把食物塞进颊囊。食物储藏区通常藏匿于地道主体系统外。

衣囊鼠是独居的动物，每只衣囊鼠都住在自己挖掘的洞穴里，并与其他个体的洞穴毗连。雄性的洞穴长于雌性的洞穴，并呈树枝状，以便于一只雄性衣囊鼠能接触到数只雌性。在勃氏堆土鼠中，领地最大可达250平方米，而有的黄面衣囊鼠洞穴长度能超过80米。当栖息地条件好的时候，衣囊鼠会居住得十分密集甚至没有间隔。在低质量的栖息地，成群的衣囊鼠集中居住在最好的地段，而其他剩下的地区则空余。在繁殖季节，这种严格的组织会有所放松，雌雄衣囊鼠会混居在同一洞穴，另外，雌衣囊鼠还与后代共享洞穴直到它们断奶。每一只衣囊鼠都保留着一个地道只供自己使用，但是邻近的雌雄衣囊鼠可能共享地洞，共享巢穴。从基因研究可知，雌衣囊鼠会选择邻近领地的雄性作为伴侣。

小型种类居住在狭小空间的密度每平方千米很少超过4000只成体，而体型比较大的黄面衣囊鼠则低于每平方千米700只。在高质量的栖息地，衣囊鼠的领地在面积和位置上是固定的，多数个体在非常有限的地界内度过它们整个成年期。在低质量的栖息地，为了寻找食物和伴侣，它们需要通年不断地变化居住地。

两种性别的个体都很好斗，富有攻击性，会为了争夺小块的土地而打斗。雄性的嘴边和臀部一般都有很重的伤疤，这大都是在繁殖季节里打斗留下的。

同大多数动物一样，它们的繁殖受季节变化的影响很大。在一些山区，一般都是在晚春或者夏季初期冰雪融化后进行交配，但在沿海山谷、沙漠山谷、温带草原，交配则常和冬季的降雨时间重合。

多数雌性勃氏堆土鼠每个繁殖季只产1窝，有些却能产3～4窝，这取决于环境的质量，即能提供给雌鼠的营养多少。在灌溉地区生活的衣囊鼠几乎整年内都可以怀孕，而在邻近的自然植被里生活的种群的交配时节则有着明显的界限。雌性黄面衣囊鼠和赤色衣囊鼠每年都产1～2窝。每胎产的幼崽数在各种中不尽相同，柔毛衣囊鼠属通常产2只，而堆土鼠属一般每胎产5只，最多一次能产10只幼崽。交配时节的开始时间、长度、每年怀孕次数主要受当地环境条件如温度、湿度、植被质量的影响。

衣囊鼠出生的时候，眼睛和颊囊都是闭合着的。出生后24天颊囊张开，眼睛和耳朵则在26天才有知觉。另外，鼹型堆土鼠和勃氏堆土鼠出生的时候都有胎毛，出生100天后会蜕掉。

铠甲将军——穿山甲

中文名：穿山甲

英文名：Malayan pangolin

别称：鲮鲤、陵鲤、龙鲤、石鲮鱼

分布区域：中国、越南、缅甸、印度、尼泊尔

穿山甲是地栖性哺乳动物，属鳞甲目，鳞鲤科。它们多喜欢在山麓地带的草丛中或丘陵杂灌丛较潮湿的地方挖穴而居。昼伏夜出，遇敌时则蜷缩成球状。

穿山甲是哺乳动物，以白蚁为食，偶尔也吃些蜜蜂等昆虫的幼虫。成年穿山甲一次能吃许多白蚁。发现一个蚁穴后，穿山甲会伸出利爪——它的爪子长得像弯钩一样，左扒右掘，从蚁穴中赶出蚁群。然后，它再伸出舌头——其细长的舌头像一条长带子一样向蚁群横扫过去，每扫一次，就有成百上千只蚂蚁成为它的食物。蚁群进入胃后，胃中的角质膜和吞进去的小砂粒能把食物碾碎，从而进行消化。

穿山甲全身有鳞甲，四肢粗短，尾扁长，背面略微隆起。成年穿山甲体长50～100厘米，尾长10～30厘米，体重1.5～3千克。不同个体体重和身长差异极大。头呈圆锥状，眼小，吻尖。舌长，无齿。耳不发达。足具5趾，并有强爪；前足爪长，尤以中间第3爪特长，后足爪较短小。全身鳞甲如瓦状。自额顶部至背、四肢外侧、尾背腹面都有。鳞甲从背脊中央向两侧排列，呈纵列状。鳞片呈黑褐色。鳞有三种形状：背鳞成阔的菱形，鳞基有纵纹，边

缘比较光滑。纵纹条数不一,随鳞片的大小而定。腹侧、前肢近腹部内侧和后肢鳞片都成盾状,中央有龙骨状突起,鳞基也有纵纹。尾侧鳞成折合状,鳞片之间杂有硬毛。两颊、眼、耳以及颈腹部、四肢外侧、尾基都生有白色和棕黄色稀疏的硬毛,绒毛极少。成体相邻鳞片基部的毛相合,成束状。雌性穿山甲有1对乳头。

穿山甲平时喜欢独居在洞穴中,只有在繁殖期,它们才会成对生活。与洞穴生活相适应,穿山甲有爱清洁的习性,每次排便前,先在洞口的外边1 ~ 2米的地方用前爪挖一个5 ~ 10厘米深的坑,将粪便排入坑中以后,再用松土覆盖。洞穴的结构也很有讲究,常常随着季节和食物的变化而不同。

穿山甲有时会设下圈套,让蚂蚁自动前来送死。穿山甲先在蚁穴边躺下装死,它张开全身的鳞片,一股浓烈的腥膻味立刻从鳞片里散发出来,一阵阵地飘向蚁穴。蚂蚁们闻到气味纷纷出洞,它们把装死的穿山甲当成一座肉山,蜂拥而上。等到前来送死的蚂蚁差不多了,穿山甲把全身肌肉一收缩,合拢鳞片,大部分蚂蚁就被关在鳞片内。接着,带着满身蚂蚁的穿山甲跳进池塘中,抖动身子,打开鳞片,蚂蚁便浮在水面上了。然后,穿山甲就用舌头舔吃水面上的蚂蚁。不一会儿,水面上的蚂蚁就被吃光了。

丑陋幽灵——袋獾

中文名：袋獾
英文名：Tasmanian devil
分布区域：澳洲的塔斯马尼亚州

袋獾分布在澳洲的塔斯马尼亚州，是一种有袋类的食肉动物。在袋獾属中，袋獾是唯一没有灭绝的成员，袋獾的身形与一只小狗差不多，但肌肉发达，十分壮硕。其特征包括：黑色的皮毛、遭遇攻击时发出的臭味、刺耳的叫声，以及进食时的神态。除狩猎外，袋獾也进食腐肉。它们通常单独行动，但有时也与其他袋獾一起进食。

袋獾身体很粗壮，长有粗长的尾巴。体长为47～83厘米，尾长可达22～30厘米，有的雄性袋獾体长超过100厘米，体重达10千克。它的外貌既不像狗熊，又不像野猪或狼，可是却兼有三者的缺点，显得十分丑陋。

　　袋獾的头部宽大，大耳朵，小眼睛。它长着血盆大口，里面有42枚牙齿。在它的下颌上，长着一小撮粗糙的胡须。它的四肢很短，跑起路来摇摇晃晃，一点也不雅观。它一身黑色粗毛，仅胸前及两侧和臀部夹杂着白色的斑纹。它的臀部较不发达，远远望去好像没有屁股似的。

　　袋獾的性情非常凶猛和残忍。如果一些小动物如小型哺乳动物、地栖鸟类、蜥蜴等，不识时务，自动送上门来，它就会"照单全收"，使之成为自己的腹中之物。它还会突然袭击，将比自身重5倍的袋鼠咬死，发出一阵洋洋自得的嚎叫声后，它就会迅速离去。"塔斯马尼亚恶魔"名不虚传。它们在被激怒时会放出臭气，刺鼻程度可与臭鼬比拟。袋獾长于听觉及嗅觉，视觉则以黑白视力表现最佳，因为它们多在晚上出来活动。它们能看到移动的物体，却难以观察到静止的东西。

　　雌性袋獾从2岁起，每年发情1次。在发情期，雌性袋獾会制造多个卵子。每年3月是袋獾的交配季节，它们会不分昼夜地进行交配，交配往往在受到遮蔽的空间进行。雄性袋獾会互相斗殴以争夺交配权，但如果胜利者在交配后不加看守情况下，话雌性会和其他雄性交配，因为袋獾是多偶的动物。

　　袋獾是有名的"昼伏"动物。白天，它们不出去觅食，而是喜欢待在太阳下休息。在塔斯马尼亚，人们随处都可以见到袋獾。它们对干燥的硬叶树林或接近海岸的林地尤其钟爱。小袋獾喜欢爬树，但成年袋獾并不如此。此外，袋獾也善于游泳。袋獾的活动范围介乎 8 ~ 20 平方千米之间，常常与其他动物的领地重叠。

　　袋獾可吃进一只小型的沙袋鼠，但实际上袋獾吃的腐肉比捕猎到的活动物还要多。袋獾喜好的食物为袋熊，然而它们也会视周围的食物多寡进食其他家畜（如绵羊）、鸟类、鱼类、青蛙以及爬虫类动物。袋獾每天平均吃掉相当于其体重 15% 的食物，但情况许可的话它们也会在半小时内吃掉相当于其体重 40% 的食物。

　　袋獾同一般的有袋动物不同，它们的袋子是长在背后的。它们经常会在地底下寻找蠕虫、昆虫和别的小动物当做食物。这样，在它刨坑时，四溅的泥土就不会溅到它的袋子里了。只有当它在洞里后退时，口袋才会碍手碍脚。